N. FILOZ

CAMBODGE ET SIAM

VOYAGE & SÉJOUR

AUX

RUINES DES MONUMENTS KMERS

Notes du capitaine A. Filoz,
Chevalier de la Légion d'honneur, Officier d'Académie,
membre de la Société des Orientalistes, etc.

PARIS
LIBRAIRIE GEDALGE
75, RUE DES SAINTS-PÈRES, 75

CAMBODGE & SIAM

CORBEIL — IMPRIMERIE CRÉTÉ-DE L'ARBRE

N. FILOZ

CAMBODGE ET SIAM

VOYAGE & SÉJOUR

AUX

RUINES DES MONUMENTS KMERS

Notes du capitaine A. Filoz,
Chevalier de la legion d'honneur, Officier d'Academie,
membre de la société des Orientalistes, etc.

PARIS
GEDALGE Jeune, Libraire-Éditeur
75, RUE DES SAINTS-PÈRES

1889

NOTE DE L'ÉDITEUR

Le 2 avril 1874, paraissait dans le *Journal Officiel* un rapport de M. Delaporte sur une mission scientifique aux ruines des monuments Kmers de l'ancien Cambodge. On y lisait entre autres détails ces lignes : « La chaloupe qui avait fait le voyage nous ramena « le capitaine Filoz avec un dessinateur et quelques hommes, utile « renfort que M. le gouverneur de la Cochinchine avait bien « voulu nous envoyer. Dès son arrivée M. Filoz s'installa au pied « d'Angcor-Wat, et employa son remarquable talent à mouler les « beaux bas-reliefs de la grande galerie occidentale. Après un séjour « d'un mois et une pénible excursion à plusieurs autres monuments, « il rentra à Saïgon, rapportant un grand nombre de moulages et de « sculptures; ces travaux considérables et d'un haut intérêt sont entiè- « rement l'œuvre de M. Filoz. Cet officier, à peine de retour « de sa première excursion, en a déjà entrepris une nouvelle dont il « espère obtenir des résultats encore plus satisfaisants. »

Ce sont les notes de voyage prises au cours de la première mission que nous offrons au lecteur. Ce récit présente, au double point de vue géographique et archéologique, un intérêt véritable sur lequel nous ne croyons pas avoir besoin d'insister. Il s'agit de pays peu connus et de monuments nouveaux pour l'histoire de l'art. Les reproductions de quelques uns des de bas-reliefs d'Angcor-Wat figurent aujourd'hui dans une des galeries du musée du Trocadéro. Aux détails sérieux viennent se joindre des épisodes amusants qui font de cet ouvrage un livre intéressant et instructif.

PRÉFACE

Nous avons réuni dans ces pages, sans aucune prétention, quelques notes prises au cours du voyage ou recueillies dans des lettres. Nous réclamons toute l'indulgence du lecteur pour un récit qui n'a qu'un mérite, celui d'être vrai.

Noé Filoz.

Mai 1889

CAMBODGE & SIAM

PREMIÈRE PARTIE
DE TOULON A VINH-LONG

CHAPITRE I
POUR SAÏGON A TOUTE VAPEUR

Départ de Toulon. — La Corse; Naples; la Sicile. — Port-Saïd; le canal de Suez la navigation; caravanes en marche.

A deux heures de l'après-midi, nous levons l'ancre. La rade de Toulon est splendide : tous les navires sont pavoisés ; des milliers de personnes font à leurs parents, à leurs amis, de derniers signes d'adieu. Puis, nous voyons successivement défiler devant nous le fort Napoléon, l'hopital Saint-Mandrier, enfin la côte accidentée, garnie de verdure et de fleurs, peuplée de villas charmantes, qui va jusqu'à Gênes. Peu à peu la terre s'éloigne et disparaît bientôt derrière un rideau de brouillard. Si loin que notre vue s'étende, nous n'avons plus sous les yeux que la terre et l'eau. La *Corrèze*, c'est le nom du transport, prend alors sa marche régulière, et les passagers songent au repos. Quelques lueurs rosées colorent encore les nuages à l'occident ; mais, en face, la nuit monte à l'horizon, et les étoiles s'allument au ciel une à une. Que faire alors, sinon rêver à ceux qu'on aime et que l'on quitte, au pays inconnu vers lequel on file à toute vapeur ?

Au lever du soleil, nous apercevons la Corse avec ses montagnes couvertes de neige, ses grands phares dont la lumière pâlit devant le jour. Bientôt l'île d'Elbe se dresse à notre gauche, Monte-Cristo à notre droite, et le lendemain nous sommes déjà à la hauteur de Naples. A deux heures du matin, on vient nous réveiller pour voir le Stromboli, surmonté d'un panache de fumée ; deux fois en notre présence, le volcan jette de la lave. Mais nous marchons toujours, et voici les îles Lipari, la Sicile, le détroit de Messine, dominé par la masse imposante de l'Etna. Toute la journée, le soleil brille et donne de merveilleux reflets à la Méditerranée ; les nuits sont plus belles encore. Le ciel est d'un bleu sombre qui relève l'éclat des étoiles, et Vénus, qui, ce soir-là, remplace la lune, répand sur l'eau une douce et mystérieuse clarté.

Ce bonheur ne devait pas durer. A peine sommes-nous sortis du détroit que la mer devient houleuse et qu'un vent impétueux se lève par le travers de l'Adriatique. Le navire roule sur la vague, et les cordages, les meubles sont projetés de côté et d'autre avec une extrême violence. Un tube de la machine se rompt et provoque une véritable panique. L'accident est facilement réparé, et la tempête se calme dans le voisinage de Candie. Nous reprenons notre vie ordinaire qui se passe à lire, à jouer et à dormir. Un prêtre chinois qui voyage avec nous, raconte sur son pays des histoires qui nous promettent des surprises.

Le 28 mars, à dix heures du matin, après avoir reconnu le phare d'Alexandrie et les bouches du Nil, nous entrons dans le canal et nous mouillons devant Port-Saïd. Quelle œuvre grande et admirable que le percement de cet isthme où le voyageur ne trouvait autrefois que des amas de sel, des marécages, des plaines de sable qui s'étendaient à l'est jusqu'aux montagnes de la Judée ! Que de souvenirs historiques et religieux réveille en nous la vue de ces lieux où reposent encore les os blanchis de milliers de pèlerins qui allaient porter au tombeau du prophète leurs présents et leurs prières !

Port-Saïd est une ville de dix mille âmes, qui s'est élevée en quatre ou cinq années. Tous les déclassés, tous les voleurs de France et d'Italie, toute la lie d'Alger s'y sont donné rendez-vous. Il y a autant de cafés que de maisons ; on boit et on joue jusqu'au matin. Mais, en revanche, quelle activité ! Chaque jour passe une centaine de navires qui renouvellent leurs provisions, échangent des courriers, et de là se répandent dans le monde entier. Le canal a cent mètres de largeur, huit ou neuf de profondeur. Des pilotes conduisent les bâtiments avec des précautions infinies. Souvent les bateaux échouent, lorsque le vent est fort. Un navire turc, qui nous précédait, s'était justement mis, par suite d'une fausse manœuvre, en travers du canal, et nous avait obligés à passer la nuit à quatre lieues seulement de Port-Saïd.

Nous débarquons sur le sable où de grands échassiers, des flamands, des pélicans, des cigognes nous regardent curieusement. Des caravanes qui reviennent de la Mecque descendent la rive pour s'enfoncer dans le désert. Chaque homme a son fusil, son chameau et quelque menu bagage. Tout cela est sale, mais d'un aspect vraiment pittoresque. En tête de la colonne, selon l'habitude, marche un âne chargé, dit-on, d'éclairer la route. Et quelle route ? Du sable, encore du sable, toujours du sable ; et pour se rafraîchir, un peu d'eau chaude et trouble, une fois par jour à peine. Au retour, les pèlerins prennent le titre de « hadjé » et peuvent porter toute leur barbe. C'est là un mince dédommagement aux privations et aux fatigues qu'ils supportent durant le voyage. A Ismaïlia, on rencontre le canal qui amène au Caire et à Suez les eaux du Nil. De petits bateaux y circulent à la voile ou à la vapeur. Sur les bords, il y a quelque végétation ; et l'on affirme que, grâce à ce cours d'eau artificiel il pleut quelquefois dans cette partie de l'Egypte.

Nous jetons l'ancre au milieu des lacs amers et nous y passons la nuit.

CHAPITRE II

POUR SAÏGON A TOUTE VAPEUR *(suite.)*

La mer Rouge. — Aden; les plongeurs; visite à la ville.

Nous mettons deux jours pour traverser le canal qui a cent quatre-vingts kilomètres de longueur. On ne peut y circuler la nuit. Les messageries seules font le trajet en treize heures. Nous arrivons à Suez et nous naviguons bientôt sur les eaux profondes et tranquilles de la mer Rouge. Au loin, nous apercevons le Sinaï, les montagnes de l'Arabie d'un côté, de l'autre l'Egypte, la Nubie, l'Abyssinie. De temps en temps, des roches de couleur sombre se dressent au-dessus de l'eau. Près du navire passent des méduses et de nombreux poissons volants. Depuis trois jours nous voyons la constellation de la Croix du Sud; Cassiopée, la Grande

Ourse, l'étoile Polaire, au contraire, baissent à l'horizon. Il fait une épouvantable chaleur; les matelots arrosent le pont constamment; plusieurs passagers sont malades. Nous ne retrouvons un peu de brise qu'en arrivant à Aden.

C'est en face d'énormes rochers noirs, sur lesquels les Anglais ont élevé des fortifications, que nous jetons l'ancre. Sur le rivage, à Steamers-pointe, il y a une agglomération d'hôtels où l'on parle toutes les langues. Aden est à six kilomètres de là. Les indigènes montent des embarcations si étroites qu'un homme un peu gros ne pourrait s'y asseoir. Ils s'approchent du navire; nous les examinons ainsi à loisir. Ils ont la peau brune, le corps presque nu, les cheveux d'une teinte rougeâtre; quelques-uns ont la tête rasée. Tous se mettent à répéter en cadence quelques mots qui veulent dire à peu près : « Hé! à la mer. Hé! à la mer »; en d'autres termes : « Jette des pièces, je les attraperai ». Une pluie de menue monnaie tombe du bord, et pas un sou n'est perdu. Ces hommes sautent de leur pirogue, abandonnent au gré du flot leur bateau et leur unique rame, plongent et luttent de vitesse pour atteindre dans l'eau les pièces qu'on leur lance. Ils les saisissent, reviennent à la surface et les montrent avec orgueil aux passagers émerveillés. Des marchands de plumes d'autruche envahissent le pont; mais ils trouvent peu d'acheteurs : la saison est mauvaise. Le seul service qu'ils nous rendent, c'est de nous conduire à terre dans leurs barques, ce qui nous permet de prendre une voiture pour visiter Aden.

Cette ville renferme trois quartiers distincts : l'un anglais, un autre indien, le troisième africain. Les deux derniers seulement sont curieux. Les Indiens habitent dans des constructions bizarres; ils ont un aspect peu avenant, ils se couvrent volontiers de bijoux et portent un très léger vêtement. Ils vendent du moka, des gargoulettes, de l'opium. Dans la ville africaine, il se fait un grand commerce de peaux de tigre; mais elles sont mal préparées. Dès qu'on s'arrête dans une rue ou dans un café, de petits indigènes viennent agiter l'air autour de vous avec des sortes d'éventails, et vous permettent ainsi de respirer plus librement. Au delà d'Aden, on a creusé de vastes citernes pour recueillir l'eau qui tombe par hasard du ciel. De quelque côté qu'on regarde, on ne voit pas un arbre, pas un brin d'herbe.

CHAPITRE III

POUR SAÏGON A TOUTE VAPEUR *(suite)*.

La mer des Indes; les poissons volants. — Ceylan: les marchands; la végétation. — Sumatra; l'orage. — Singapour; la rade. — Le golfe de Siam; les serpents. — Poulo Condor; un décès. — Arrivée à Saïgon.

En quittant Aden, nous entrons dans la mer des Indes, c'est-à-dire dans l'immensité. C'est à peine si nous rencontrons deux ou trois navires. Mais des milliers de poissons, dérangés par notre passage, s'envolent à une centaine de mètres environ, rentrent de nouveau dans l'eau pour ressortir quelques secondes plus tard et voler encore. La mer est couverte d'une espèce de poussière jaunâtre, et probablement vivante, qui brille la nuit comme du feu, quand elle est agitée. Après huit jours de marche, nous passons à la hauteur des îles Malédives et Laquedives. L'île de Ceylan est proche, et nous débarquons bientôt à la Pointe de Galles. Les indigènes ont la peau bronzée, et portent tous, hommes et femmes, de longs cheveux retenus par des peignes. Les boutiques regorgent d'or, d'ivoire, d'ébène, d'écaille, de pierres précieuses. Tout cela est brillant et attire le regard. Pour quelques vieilles chemises de laine, on nous donne une canne, un encrier, et deux petits éléphants en ébène; pour une roupie, c'est-à-dire 2 fr. 50, nous achetons plusieurs pierres taillées dont l'une est un vrai saphir. La végétation est partout luxuriante : toutes sortes de plantes, des cocotiers, des bananiers, des manguiers ne laissent pas un pouce de terre à découvert; et tout cela est peuplé d'animaux innombrables, à tel point que la nuit, on est obligé de laisser courir sur soi de petits lézards pour chasser d'autres insectes plus dangereux. A part ces désagréments et la chaleur qui est torride, on pourrait appeler Ceylan un paradis terrestre; c'est là, d'ailleurs, qu'une tradition place le séjour d'Adam et d'Ève. L'enfer nous attendait de l'autre côté du golfe de Bengale.

Après les îles Nicobar et Poulo-Rondo, nous entrons dans le détroit de Malacca. La mer est toujours belle, mais nous sommes au changement de la mousson, et à chaque instant nous avons à craindre un typhon. En approchant de Sumatra, nous distinguons de hautes montagnes au pied desquelles se dressent des forêts et de grandes cabanes; mais la nuit vient et le ciel s'obscurcit. De gros nuages noirs s'amoncellent sur l'île, et bientôt d'immenses éclairs brillent d'un bout à l'autre de l'horizon, décrivant au-dessus des montagnes des dessins diaboliques. Nous n'entendons pas gronder le tonnerre, mais, en revanche, les hurlements des bêtes féroces, les cris des oiseaux et mille bruits indéfinissables nous font penser à un autre monde. C'est à la fois terrible et beau.

Après trois jours entiers passés dans ces lieux maudits, nous découvrons la rade de Singapour, la ville des Lions. C'est un spectacle magnifique que cette sorte de grande rivière bleue qui se tord au milieu de collines vertes et boisées qui portent à mi-côte de ravissantes et mystérieuses demeures. De l'endroit où nous prenons du charbon, il faut, pour se rendre à la ville, une demi-heure de voiture, qu'on appelle ici « malabar ». La *Corrèze* s'ébranle de nouveau, et les eaux qu'elle traverse maintenant appartiennent au golfe de Siam. Nous sommes déjà à une énorme distance de la terre, et cependant des serpents noirs et jaunes glissent encore le long du bord. Nous en comptons jusqu'à treize dans l'espace d'un quart d'heure.

En vue de Poulo-Condor, un soldat meurt, et le médecin le fait immerger sans retard. C'est avec un profond sentiment de tristesse que nous voyons disparaître dans les flots le corps de ce malheureux jeune homme. Pauvres parents, qui n'auront même pas la dernière consolation d'aller pleurer au cimetière sur les restes de leur fils! Les requins sont là, qui suivent le navire, et attendent; mais le cercueil est solide et coule à fond.

Le cap Saint-Jacques nous apparaît, surmonté d'un phare que l'on voit à trente milles en mer. Une ligne bleue indique le rivage de la Cochinchine. L'eau devient jaune; quelques caïmans se montrent à la surface; les arbres de la côte sont garnis d'oiseaux et de singes. Nous remontons le Donaï à toute vapeur, en faisant des détours sans nombre. Le fleuve, qui a quatre cents mètres de largeur, prend bientôt le nom de rivière de Saïgon. A droite et à gauche sont des « aroyos » tous navigables et qui portent une longue file de bateaux où vivent des Chinois et des Annamites. Nous jetons l'ancre, enfin, en face de Saïgon, après une traversée de quarante-deux jours. Le navire est aussitôt envahi par nos camarades, et nous mettons pied à terre au son de la musique, acclamés par une foule énorme, qui nous accompagne jusqu'à la caserne.

CHAPITRE IV

SAÏGON

Saïgon; la ville; la campagne; la végétation; les animaux; le climat. — Les Chinois et les Annamites; leur costume; leurs mœurs. — Le théâtre. — Départ pour Vinh-Long.

Saïgon est une ville toute nouvelle, sortie de terre en dix ans. L'eau du Donaï, des « aroyos » de Cholen et de l'Avalanche, l'entoure presque complètement. Les routes sont remplacées par des cours d'eau sur lesquels on circule facilement en bateau. Des familles entières vivent dans des embarcations appelées « sampas » ou dans des jonques. Les maisons sont disséminées dans une véritable forêt d'arecquiers, de cocotiers, de manguiers, de bananiers; elles n'ont ni cheminées, ni vitres. Les lézards se promènent sur le sol et sur les murs en parfaite tranquillité. La nuit, les arbres se couvrent de lucioles; l'air est peuplé d'insectes qui font entendre mille bruits étranges. La végétation est si puissante qu'en semant une graine, on peut avoir un énorme chou dix jours après. Les oranges, quoique mûres, restent toujours vertes. On ne trouve ici aucun fruit de France, mais les bananes, les mangues, les ananas abondent. La volaille est belle et peu coûteuse ; le poisson très commun ; la viande, dure et sans goût. Le bœuf, plus petit et plus intelligent qu'en Europe, porte une bosse à la naissance du cou. La campagne, verte, plate et boisée, est fréquentée par le tigre royal; le rhinocéros, le buffle, l'éléphant, se tiennent plus près du Cambodge. Le caïman se traîne dans la vase; le singe se pend aux arbres; le python qui mesure de trois à quatre mètres, rampe dans les herbes, sans jamais d'ailleurs mordre personne.

Le climat de la Cochinchine est un des plus meurtriers du monde entier. Il suffit, à certaines heures, d'avoir la nuque découverte pour tomber foudroyé; mais ce qui tue surtout les Européens, c'est l'humidité dont l'air est saturé. Une quantité considérable de vapeurs s'élève des eaux, et, malgré le soleil, tout se rouille, tout se couvre de moisissure, tout pourrit. On ne sort que le matin et le soir, encore faut-il se couvrir la tête d'un « salako », grand chapeau plat, garni d'une toile blanche, sous lequel l'air circule librement. Dans les habitations, on reste à peu près nu, et, de temps en temps, on se fait verser de l'eau sur le corps, pour être moins mal à l'aise. Il n'y a ici que deux saisons : la saison des pluies et la saison sèche.

La population se compose de Français, d'Annamites et de Chinois. Les Chinois sont grands, forts et voleurs, mais laborieux, bons commerçants et aptes à tous les métiers. Cependant ils n'inventent rien et copient tout avec la plus exacte fidélité. On raconte ici qu'un européen donna un jour, comme modèle, un pantalon troué à un tailleur chinois; celui-ci lui rapporta un pantalon neuf, pareil au premier et troué au même endroit. Les domestiques ont de larges coiffures qui se terminent en pointe; les maîtres ont la tête nue et rasée, à l'exception de la tresse traditionnelle. A table, ils se servent de deux petites baguettes et ne boivent jamais en mangeant ; mais, dans la journée, ils vont de demi-heure en demi-heure prendre un peu de thé sans sucre qu'ils puisent dans un vase chauffé jour et nuit par la lampe qui brûle devant l'image de Bouddha. Comme on le sait, un de leurs mets les plus recherchés vient des nids d'hirondelles ; cette sorte de glu coûte quatre-vingts francs le kilogramme. Quoi qu'on en ait dit, les Chinois aiment beaucoup leurs enfants. A six kilomètres de Saïgon est une ville chinoise de quatre-vingt-quinze mille habitants, Cholen, où l'on n'a jamais vu un enfant abandonné. Les Chinoises sont petites et laides; leur costume est riche dans les hautes classes ; leurs pieds sont généralement déformés.

Les Annamites, ou indigènes de la Cochinchine, sont aussi anciens que les Chinois et existaient, comme nation, deux mille ans avant notre ère. On les appelait alors « Giachi », ce qui indiquait qu'ils avaient le gros orteil écarté des autres doigts. Ils sont assez bien faits de corps, mais laids de visage, et menteurs. Le costume ne permet pas de distinguer l'homme et la femme; celle-ci seule a les oreilles percées. Ils ont des cheveux épais qui tombent jusqu'aux genoux, et qu'ils portent, dans la rue, relevés sur la nuque pour se préserver du soleil. Les femmes se mettent au cou un collier d'ambre ou un cercle d'argent. Constamment, les Annamites mâchent du bétel et se noircissent les dents pour ne pas avoir la bouche, disent-ils, comme la gueule du chien. Peu braves en général, ils montrent cependant un courage étonnant devant la mort. Les condamnés voyagent quelquefois plusieurs jours avec le bourreau qui doit leur couper la tête, et fument, causent, rient avec lui. Avant l'exécution, ils ont soin de s'assurer avec le doigt que le couteau est bien aiguisé. Ils se mettent à genoux, relèvent leurs cheveux, prennent une dernière fois du bétel que leur donne leur femme; puis le bourreau leur trace une raie noire sur le cou et leur tranche la tête. Les femmes portent les enfants sur la hanche et leur font, avec le nez, une sorte de caresse. Elle ne les embrassent pas, mais semblent en aspirer le parfum comme d'une fleur. Elles travaillent plus que les hommes, conduisent les bateaux, portent des fardeaux à l'aide d'un balancier aux extrémités duquel pendent deux plateaux qui contiennent souvent, l'un des canards ou des briques, l'autre un ou deux enfants. La danse et le chant leur sont inconnus; leur seule distraction est le théâtre.

Les théâtres chinois sont vastes; la scène est grande, mais sans coulisses. Les pièces qu'on y joue durent huit jours, et les acteurs poussent si loin l'imitation de la réalité, qu'en Europe, on les enverrait au bagne à la fin de la représentation. Il y a des troupes d'hommes et des troupes de femmes, qui ne se mêlent jamais. La salle est éclairée avec de l'huile de coco, qui répand une odeur et une fumée insupportables. Les gestes et les

Un acteur.

paroles des personnages sont accompagnés d'un épouvantable bruit de gongs et de cloches.

Le théâtre annamite est pire encore. Un soir, que je n'avais pas sommeil, je pris mon revolver et m'en allai seul à trois kilomètres de Saïgon où se trouve une scène annamite. J'entrai sans façon dans une cabane couverte de chaume. A droite et à gauche, sur des lits faits de bambous, se tenaient entassés pêle-mêle des hommes, des femmes, des enfants. En face, un rideau cachait le vestiaire des acteurs; près de la porte, une estrade, couverte d'une natte, était occupée par des notables. J'allai m'asseoir parmi ces derniers, qui se dérangèrent pour me faire place; en retour, je leur offris des cigares. A mon entrée, les artistes, qui jouaient déjà, s'étaient enfuis. Ils revinrent bientôt dans leurs plus beaux costumes et me saluèrent jusqu'à terre. Le régisseur de la troupe me fit un long discours auquel je ne compris rien, et me tendit les deux mains, ce que je compris mieux. Satisfaits de mon petit présent, ils se mirent à jouer une nouvelle pièce. Je me retirai à trois heures du matin, assourdi par les cris, à moitié asphyxié par la fumée.

Après un court séjour à Saïgon, mes hommes et moi, nous nous rendons, avec armes et bagages à Vinh-Long.

DEUXIÈME PARTIE

DE VINH-LONG A ANGCOR-THOM

CHAPITRE I

DE VINH-LONG A PHNOM-PENH

Départ de Vinh-Long. — Le Saltée. — Aspect du fleuve. — Arrivée à Phnom-Penh.

Ma sieste était interrompue, il y a quatre jours, par l'arrivée du boy du télégraphe, qui portait une dépêche de l'amiral Dupré, gouverneur de la Cochinchine, ainsi conçue : « Êtes-vous capable de prendre des empreintes « moulées et consentez-vous à aller rejoindre la mission « Delaporte à Angcor? » Bien que ma réponse ait été négative sur le premier point, je recevais, par un second télégramme, l'ordre de prendre à son passage à Vinh-Long le bateau qui fait le service de Saïgon à Phnom-

Penh, capitale du Cambodge. Voilà comment, aujourd'hui, 16 septembre 1873, je me trouve, à trois heures de l'après-midi, sur un des steamers de la compagnie Larieux.

Je m'éloigne sans regret, plutôt heureux au contraire d'entrer dans des pays nouveaux. Vinh-Long, d'ailleurs, n'est pas une résidence si agréable qu'on ait peine à la quitter. C'est un centre de commerce important, une ville populeuse, mais sans intérêt. On raconte que le mandarin qui fut obligé de la céder aux Français, s'empoisonna de désespoir. C'est maintenant un jeune lieutenant d'infanterie de marine qui perçoit l'impôt, rend la justice, fait donner le bâton, en un mot administre toute la province. Souhaitons-lui la sagesse de Bouddha !

Déjà Vinh-Long disparaît derrière l'île que baigne le grand fleuve. Le Saltée, c'est le nom du bateau, emporte pêle-mêle, accroupis sur le pont, des Chinois et des Annamites. Le soldat qui m'accompagne fume sa pipe, tout en regardant philosophiquement un vieux chinois qui se grise d'opium. La dunette, réservée aux passagers de première classe, est occupée par un agent de la compagnie, un employé de la ferme d'opium, deux femmes indigènes et le capitaine du navire. La rive est plate, parfois vaseuse, couverte de bananiers, d'arecquiers, de manguiers, à l'abri desquels les habitants ont construit leurs cases. Au loin s'étendent d'immenses rizières sous un ciel embrasé.

L'équipage est anglais, c'est dire que nous mangeons des pommes de terre à l'eau et du bœuf cru. C'est le menu de ce soir, ce sera le menu de demain et de tous les jours pendant lesquels nous aurons le bonheur de dîner à bord. En revanche, le vin est abondant et capiteux; le capitaine le trouve de son goût et le montre bien. Sa conversation devient alors si intéressante que, pour y échapper, je vais m'étendre sur un rouleau de cordages et essayer de dormir.

Le jour me trouve encore éveillé, grâce aux moustiques qui ne laissent pas une minute de repos. Ici, la nuit arrive sans crépuscule et le soleil se lève sans aurore. Les deux voyageuses regardent déjà le fleuve avec attention. C'est à cet endroit, paraît-il, que des pirates chinois avaient l'habitude de dévaliser les bateaux qui revenaient du marché et portaient des piastres. Un jour le « fou loc » ou préfet annamite posta dans les environs des « matas », soldats indigènes attachés au service des inspections, qui se saisirent des voleurs et leur tranchèrent aussitôt la tête. Le fleuve offre parfois de plus gracieux tableaux. Voici une vingtaine de pigeons blancs comme neige, qui s'en vont à la dérive, alignés sur un tronc de bananier. L'employé de la ferme d'opium veut les tuer; je le prie de n'en rien faire. Et les charmants voyageurs continuent leur route, sans se douter du danger qu'ils ont couru.

En arrivant à la limite des possessions françaises, la rive s'élève un peu, et déjà l'on aperçoit de grands cotonniers, des cases mieux faites et plus propres, des torses nus, des têtes rasées; c'est le Cambodge.

Le fleuve que nous remontons depuis Vinh-Long, prend sa source au Thibet, traverse la Birmanie, le Laos, le Cambodge, la Cochinchine et se jette dans la mer au-dessus du golfe de Siam. Il prend successivement les noms de Lang-Tiang-Kiang, de Kiang-Fong-Kiang, de Nam-Kiang, de Mé-Kong et de Cambodge. Il coule de sa source à Phnom-Penh du nord au sud; puis il se divise en trois branches : les deux premières, le Cambodge inférieur et le Cambodge supérieur, tournent à l'est et traversent nos possessions pour se rendre à la mer; la troisième prend une direction opposée, arrose Phnom-Penh et communique avec le Tenli-Sap ou « mer d'eau douce ». Au point de partage des eaux s'étend une immense nappe appelée les « Quatre bras ».

A neuf heures du soir, nous mouillons devant la capitale du Cambodge, au milieu de quatre mille bateaux de toutes les dimensions, éclairés de lanternes multicolores, qui produisent un effet saisissant. Toute la nuit, les moustiques s'acharnent après nous et les chiens, qui aboyent à la lune, nous empêchent, une fois encore, de dormir.

CHAPITRE II

PHNOM-PENH

La ville. — Les habitants. — Le « bacoin ». — L'éléphant blanc. — Les forçats. La « cadouille ».

A huit heures du matin, nous quittons le Saltée. Monsieur Aymonier, chargé des affaires annamites au Cambodge, nous attend à terre pour m'offrir l'hospitalité. Il me conduit au protectorat et chez les principaux fonctionnaires français. Puis, après un excellent déjeuner, nous nous promenons dans Phnom-Penh.

La capitale du Cambodge est située au bord du fleuve. La population dépasse cent mille âmes. Les indigènes en forment un tiers seulement; les Chinois, les Annamites les Siamois, plusieurs familles portugaises, quelques fonctionnaires et négociants français, les deux autres tiers. Le seul monument remarquable est une pyramide ronde, construite en briques, élevée sur un mamelon et entourée d'autres pyramides plus petites. Au pied, s'étend une vaste pagode qui renferme une assez belle statue de Bouddha.

La demeure des Cambodgiens est faite de bambous, bâtie sur pilotis et couverte d'un toit à plusieurs étages, orné aux angles de trompes d'éléphants sculptées. Les Chinois, qui tiennent presque tout le commerce, habitent, dans la principale rue, des maisons en briques, composées d'un rez-de-chaussée et d'un étage qui fait saillie et forme, avec les piliers qui le soutiennent, une sorte de véranda. Ces maisons appartiennent au roi. C'est dans cette rue que, le soir, s'installent en plein air, les amateurs du jeu de hasard appelé « bacoin ».

A l'extrémité orientale, s'élève la demeure royale, qui comprend plusieurs bâtiments ayant chacun une destination particulière. Un mur crénelé et nouvellement construit renferme le tout. Près de l'entrée, qui fait face au fleuve, est logé l'éléphant blanc, cher à Bouddha et vénéré de tous. Le noble animal ressemble d'ailleurs beaucoup à ses congénères; c'est peut-être un albinos de sa race? De puissantes entraves l'empêchent encore de se mouvoir après sept ans de captivité. Devant le palais, sont amarrés les bateaux à vapeur du roi; à bord de l'un d'eux on tire, à heure fixe, le canon deux fois par jour, comme dans nos ports de guerre. Si, par hasard, le matelot, chargé de cet office, oublie l'heure, quelques coups de bâton le rappellent immédiatement au devoir.

Le chef du protectorat français, M. Moura, occupe, à l'extrémité occidentale de la principale rue, une habitation charmante, à peine terminée, sur laquelle flotte notre pavillon. Les fonctionnaires placés sous ses ordres logent dans de misérables baraques, entre le fleuve et le protectorat. Nous avons ici un chef des affaires annamites, un médecin, un employé du télégraphe, un maître d'équipage, un sergent, deux caporaux et quinze soldats d'infanterie de marine. Voilà un protectorat qui ne nous ruine certainement pas.

Les Annamites portent le pantalon chinois et une robe à manches étroites, fendue à partir des hanches ; ils sont coiffés d'un turban noir, d'un mouchoir rouge ou d'un petit salako qui les fait assez ressembler à un champignon. Les grandes dames remplacent le turban par une sorte de moule à fromage, tenu en équilibre par de gros glands qui pendent jusqu'aux genoux. Hommes et femmes ayant même taille, même voix et presque même costume, il est assez difficile de les distinguer à première vue, étant donné surtout que les hommes restent imberbes jusqu'à un âge avancé. — Les Cambodgiens, comme les Siamois, se rasent la majeure partie de la tête et ne gardent qu'une touffe de cheveux sur le front. Leur costume se compose d'une veste légère et d'un « langouti », pièce d'étoffe, étroite et longue, qui enveloppe le bas du dos et vient s'attacher sur le ventre. Les femmes, au lieu de veste, portent une blouse largement échancrée. A mesure qu'on s'éloigne de la capitale, le vêtement se simplifie de plus en plus.

Au Cambodge, on a pour serviteurs, comme autrefois à Rome, les débiteurs insolvables. Les condamnés se promènent dans les rues avec de lourdes chaînes aux pieds et prennent leur nourriture aux étalages des marchands. Ils n'ont ainsi besoin, ni de prison, ni de gardiens; ils n'imposent à l'État aucun sacrifice. Dans le quartier habité par le souverain, on peut toujours voir plusieurs têtes humaines plantées sur des bambous. Je viens, pour ma part, d'en rencontrer quatre.

Les enfants du roi, affreux gamins, et les fils des grands vont à l'école des soldats français, dirigée par un caporal. Les premiers s'y rendent dans une voiture européenne ; les autres y vont à pied, abrités par de larges parasols frangés d'or, que porte un domestique. Ils sont accompagnés d'une foule de serviteurs qui les suivent à

La « Cadouille ».

la file, et qui, pour la plupart, consacrent leur vie à cet intelligent exercice.

On fait à Phnom-Penh un commerce considérable de gomme gutte, de riz, de poisson salé, de soie grège, de coton, d'ivoire, de fines nattes, tous produits indigènes.

Vers le soir du 22 septembre, j'assistai à une scène amusante. Un chinois donnait une correction à sa femme, à l'entrée d'une boutique. Sur l'ordre de monsieur, madame apporta un rotin, gros comme le doigt et long de quatre pieds environ, s'étendit sur le sol et se laissa donner sur le bas du dos quatorze coups que j'ai comptés. Elle criait horriblement, mais restait immobile. Chaque coup n'arrivait qu'après un certain intervalle et était précédé d'un petit discours, que le rotin faisait nécessairement mieux sentir. Cette opération terminée, à la satisfaction des deux époux, madame se mit sur les genoux, joignit les mains à la hauteur du front et s'inclina trois fois devant son bien-aimé, qui lui tourna le dos et alluma sa pipe. Ce plaisir intime, dont on use beaucoup dans toute l'Indo-Chine, s'appelle la « cadouille ».

CHAPITRE III

DE PHNOM-PENH A COMPONG-SHANAM

Le fleuve Oudon. — Le lac Tenli-Sap. — Compong-Louong. — Compong-Shanam. — Visite du mandarin.

Le gouverneur a mis à notre disposition la chaloupe nº 5. Grâce à la rapidité du courant, nous filons très vite. J'ai d'ailleurs pour compagnon de route des gaillards qui savent faire obéir un bateau : les mécaniciens Penaud et Lapeyre, le second maître Souban, un vieux marin, trois matelots français et cinq annamites. Dans un espace aussi restreint, les règles de la hiérarchie imposeraient trop de gène, et je décide qu'il n'y aura qu'une table pour les sous-officiers et moi. Pour rendre les dieux favorables, j'offre à l'équipage une abondante ration de vin.

Le bras du fleuve, qui nous porte, s'appelle l'Oudon (du nom de l'ancienne capitale du Cambodge) ; il fait communiquer le Mé-Kong avec le grand lac Tenli-Sap, vers lequel nous nous dirigeons. A l'époque où nous sommes, c'est-à-dire pendant l'hivernage, les eaux vont du fleuve au lac, élèvent son niveau de plusieurs mètres et inondent le pays à une grande distance. Dès que les pluies cessent, vers la fin d'octobre, le courant se renverse, et le lac rend au fleuve ses eaux grossies des rivières tributaires. Ce phénomène a une grande influence sur les habitudes du pays. On construit les cases sur de hauts pilotis. Chaque habitant possède une ou plusieurs pirogues qui forment à un moment donné l'unique moyen de transport; elles sont assez étroites pour circuler facilement à travers les arbres aux trois quarts submergés. Enfin, l'on a si souvent besoin de se mettre à l'eau, que le costume le plus primitif s'impose à tous les âges et à tous les sexes.

Le Tenli-Sap est assez poissonneux pour nourrir tout le pays. Au moment du frai, les eaux, qui débordent, entraînent les œufs dans la forêt où ils se répandent, prennent vie et trouvent, quand ils sont éclos, une abondante nourriture. Plus tard, lorsque les eaux reviennent, le poisson se retire en même temps et se réfugie dans le lac dont le niveau s'abaisse jusqu'à deux mètres du fond. C'est alors que commence une pêche miraculeuse. Elle rapporte, dit-on, bien que le poisson ne paie qu'un très minime droit de passage à Phnom-Penh, plusieurs millions au roi de Cambodge. Ces poissons ont un goût délicieux. On ne prend que ceux qui sont de grande taille; on les prépare, on les sale sur le lac même qui reçoit les détritus et répand bientôt d'infectes émanations. La longueur du Tenli-Sap, du nord-ouest au sud-est, est d'environ deux cents kilomètres ; sa largeur maxima, de soixante-quinze. La partie nord-ouest appartient au royaume de Siam, jusqu'au tiers du lac ; le reste dépend du Cambodge.

Les villes, dans cette contrée, sont très rapprochées les unes des autres. Deux heures après notre départ de Phnom-Penh, nous arrivons à Compong-Louong ou « rivage du roi », sur la droite de l'Oudon. Nous nous arrêtons peu de temps. Compong-Louong est une ville importante où fonctionnent, même dans les rues, de nombreux métiers à soie et quelques forges, dont le soufflet est assez curieux. Il se compose de deux tiges de gros bambous, placées verticalement et mises en com-

Au moment où nous entrons dans le lac, d'immenses jonques chargées de poteries, qu'on fabrique ici, se mettent à évoluer en tous les sens, non sans dommages pour leur chargement. La foule accourt, attirée par le sifflet de la chaloupe. Nous accostons près de la maison d'un notable de la ville, et, sans plus nous gêner, nous prenons pied sur son radeau. Le maître du logis se présente, escorté de son fils et de deux femmes vêtues, comme lui, d'un simple « langouti ». Ces dames ont le visage ridé par les années, mais le corps bien conservé. Puis des voisins arrivent, qui nous entourent. Parmi ces derniers est un annamite qui entre en conversation avec ceux qui nous accompagnent. Ces messieurs font savoir que je suis un « louq-mi-top » ou « seigneur commandant des soldats ». On nous fait alors entrer dans la case, dont le sol est couvert de jolies nattes, de petits matelas articulés et de coussins rouges. Dès que nous sommes installés, on nous apporte du thé, des bananes, des oranges vertes, de grosses cigarettes roulées dans des feuilles sèches et liées au centre par un fil d'écorce. La gaîté est sur tous les visages : entre amis! J'expose nos désirs, très modérés d'ailleurs : nous demandons un guide pour atterrir à l'extrémité du Tenli-sap, et, pour provision de route, un petit porc. C'est encore au mandarin qu'il faut avoir recours; mais ce haut personnage est malade et demeure loin d'ici. On va cependant le prévenir de notre arrivée et lui transmettre notre demande. En attendant sa réponse, comme la nuit arrive, nous sortons du lac pour éviter les avaries et nous allons mouiller au milieu du fleuve. Une heure après, nous sommes à table; l'équipage, plein d'entrain, chante des airs de la patrie.

Mais quels sont ces feux qui brillent au loin et semblent se diriger vers nous? Voudrait-on tenter quelque équipée contre notre chaloupe? « Çà, me dit un des annamites, grand mandarin. » En effet, c'est le chef du pays, qui, malgré son mauvais état de santé, nous amène lui-même notre guide et notre petit animal. Nous hissons les trois personnages sur la chaloupe, avec les soins et les honneurs dus à chacun d'eux. Les annamites se chargent du porc, les matelots du guide et moi du mandarin qu'un simple verre de vin rend à la santé. Les barques de son escorte, au nombre de sept, forment cercle; tous ceux qui les montent ont à la main une torche enflammée. Au milieu de la nuit, ces flambeaux qui projettent une lueur rougeâtre sur tous ces hommes nus, les oiseaux, éveillés par le bruit, qui viennent voler autour des lumières, le fleuve qui coule, sombre et silencieux, tout cela est d'un effet vraiment pittoresque.

Tout en buvant à la France et à Norodon, nous règlons nos comptes. Le guide sera nourri et recevra une gratification; c'est un vieillard doux et intelligent. Son absence sera longue, il le sait ; mais que lui importe, si sa boîte de bétel est bien garnie ! Quant au petit animal, le mandarin l'offre à l'équipage qui pousse un formidable hourrah, et donne au gracieux seigneur une bouteille de tafia. A minuit nous nous séparons, enchantés lés uns des autres. Je me couche près de la barre du gouvernail et j'attends le sommeil, en suivant des yeux les barques qui se perdent bientôt dans l'obscurité.

Heureuse nuit! pas un moustique, et le ciel toujours bleu. A demi endormi, je sens le doux balancement de la chaloupe, je perçois des sons étranges qui viennent, les uns de la montagne, les autres du fleuve même. Des bateaux passent, emportant au gré du courant des familles endormies ; des oiseaux nocturnes se répandent dans l'air, poussant des cris inconnus pour moi. Mais ces sensations sont trop légères pour me gêner, elles me charment sans troubler mon repos.

CHAPITRE IV

DE COMPONG-SHANAM A SIEM-RÉAP

La province de Pursat. — Phnom-Crom. — La « Javeline ». — La forêt inondée. — Compong-Tien. — Réception faite par un Siamois. — Le mandarin nous accompagne.

A quatre heures du matin, un brutal coup de sifflet nous réveille. Nous prenons du café et nous partons. L'Oudon se divise en cinq ou six bras qui tous aboutissent au Tenli-sap. En suivant le cours le plus important, qui est à gauche, nous arrivons au lac, trois heures après notre départ de Compong-Shanam. Le temps est beau; mais, comme dans ces parages, le vent se lève subitement et rend la navigation dangereuse, même pour de grands bateaux, nous serrons de près la rive gauche. C'est de ce côté que souffle la brise en cette saison. Les bords du Tenli-sap, sont indiqués par de grands arbres, actuellement à moitié submergés et couverts d'aigrettes d'une éclatante blancheur. Pour atterrir, il faudrait faire une longue et pénible route à travers d'immenses forêts. Cette partie du lac appartient à la province cambodgienne de Pursat, limitée par les montagnes que nous avons déjà signalées et qui se développent ici dans toute leur majesté ; leur altitude doit certainement dépasser deux mille mètres. La rive droite reste plate jusqu'à l'horizon ; elle ne tarde pas à disparaître à nos yeux après l'étranglement qui divise le Tenli-sap en grand et en petit lac.

Quel silence maintenant et quels sauvages aspects ! Les oiseaux qui peuplent la forêt nous regardent passer sans frayeur. Parfois l'eau bouillonne en un point et laisse voir la tête hideuse d'un caïman qui vient respirer. A plusieurs milles de distance les uns les autres, de frêles esquifs, montés par des hommes complètement nus, apparaissent sur la lisière du bois. Fugitifs, sans doute, ces êtres, pour échapper à la justice sommaire du mandarin, passent dans ces solitudes une partie de leur existence, vivant d'un peu de riz acheté aux passants avec le produit de leur pêche. L'un d'eux nous donne plusieurs beaux poissons pour quelques sous siamois dont la valeur est de sept centimes de notre monnaie.

Vers cinq heures du soir, nous entrons dans les eaux de Siam, et presque aussitôt, nous apercevons à notre droite la terre en deux points : le plus rapproché est Méléa, l'autre est Phnom-Crom, ou « morne d'Angcor ». Nous mettons le cap sur ce dernier point et traversons le lac dans toute sa largeur. Pendant le trajet, la nuit est venue, et ce n'est qu'à dix heures du soir que nous découvrons les feux de la canonnière française la « Javeline », qui a conduit jusqu'ici la mission Delaporte. Dès que les embarcations sont côte à côte, le second maître, qui commande la « Javeline », m'offre d'aller coucher à son bord où sont installés de bons lits ; mais il fait si beau que je préfère rester sur le pont de notre chaloupe. Tout à coup, le vent fraîchit ; à onze heures, une véritable tempête se lève, et les embarcations doivent se séparer pour ne point se faire d'avaries. Je passe le reste de la nuit debout et mouillé jusqu'aux os. Heureusement, les eaux du Tenli-sap se calment aussi vite qu'elles s'agitent. Le vent tombe au matin, et nous profitons de cette accalmie pour continuer notre route.

Nous cherchons longtemps l'embouchure de la rivière d'Angcor qui disparaît actuellement dans la forêt inondée. Pendant deux heures nos efforts restent vains. Le vieux guide constate que les indications, ordinairement placées sur certains arbres, n'existent plus. Deux coups de canon, partis de la « Javeline » pour attirer sur nous l'attention des indigènes qui pourraient être dans ces parages, n'ont d'autre effet que de mettre en fuite des milliers d'oiseaux. J'envoie le guide et trois hommes, avec le canot de la canonnière, jusqu'au pied du morne qu'ils graviront, s'ils ne trouvent aucun indice. On doit pouvoir reconnaître de là-haut la route cherchée.

Une heure après, le canot est de retour. Nos hommes ont rencontré d'abord une pirogue abandonnée, puis une autre embarcation, montée par deux indigènes qu'ils nous ramènent presque de force. Nous sommes sûrs maintenant d'être bien dirigés. Nous transbordons nos bagages dans le canot où prennent place tous ceux qui doivent rallier la mission. La pirogue indigène nous prend à sa remorque sous la surveillance du vieux guide. Quel instinct il faut à ces hommes pour s'y reconnaître dans un pareil dédale ! Ils rament debout comme les annamites, mais plus lentement, parlent peu et se jettent à l'eau dès qu'ils ont trop chaud.

Nous sortons enfin de la forêt. Phnom-Crom se démasque complètement à gauche, à cent mètres environ au-dessus du lac. Le sol est aride, et cependant des bœufs se sont réfugiés là en grand nombre au moment de la crue. Il paraît qu'ils retourneront chez leurs propriétaires dès que les eaux auront abandonné la plaine; personne ne les garde. Nous traversons une véritable forêt de joncs et nous avançons à grand peine. Nous glissons sur trente pieds d'eau et nous n'en voyons pas une goutte. Toute la surface est couverte de plantes flottantes, assez semblables à nos artichauts, et si nombreuses qu'on se croirait au milieu d'une prairie. Peu à peu la rive se dessine; l'eau devient moins profonde, le courant plus rapide; nous sommes obligés de nous mettre à l'eau pour faire avancer les embarcations.

Enfin voici des eaux limpides, des bouquets de bambous, tout un paysage charmant. Je donne aux hommes quelques instants de repos; ils en profitent pour prendre un bain sérieux. Une heure plus tard, nous rencontrons un premier village siamois qui s'appelle Compong-Tien. Comme la nuit approche, nous nous y arrêtons. A peine avons-nous mis pied à terre, qu'un indigène, dont la demeure est dans le voisinage, nous offre ses services et l'hospitalité. Il arrive à point. Nous entrons chez lui: sa femme et sa fille étendent sur le sol des

CHAPITRE III

POUR SAÏGON A TOUTE VAPEUR *(suite)*.

La mer des Indes; les poissons volants. — Ceylan; les marchands; la végétation. — Sumatra; l'orage. — Singapour; la rade. — Le golfe de Siam; les serpents. — Poulo Condor; un décès. — Arrivée à Saïgon.

En quittant Aden, nous entrons dans la mer des Indes, c'est-à-dire dans l'immensité. C'est à peine si nous rencontrons deux ou trois navires. Mais des milliers de poissons, dérangés par notre passage, s'envolent à une centaine de mètres environ, rentrent de nouveau dans l'eau pour ressortir quelques secondes plus tard et voler encore. La mer est couverte d'une espèce de poussière jaunâtre, et probablement vivante, qui brille la nuit comme du feu, quand elle est agitée. Après huit jours de marche, nous passons à la hauteur des îles Maledives et Laquedives. L'île de Ceylan est proche, et nous débarquons bientôt à la Pointe de Galles. Les indigènes ont la peau bronzée, et portent tous, hommes et femmes, de longs cheveux retenus par des peignes. Les boutiques regorgent d'or, d'ivoire, d'ébène, d'écaille, de pierres précieuses. Tout cela est brillant et attire le regard. Pour quelques vieilles chemises de laine, on nous donne une canne, un encrier, et deux petits éléphants en ébène ; pour une roupie, c'est-à-dire 2 fr. 50, nous achetons plusieurs pierres taillées dont l'une est un vrai saphir. La végétation est partout luxuriante : toutes sortes de plantes, des cocotiers, des bananiers, des manguiers ne laissent pas un pouce de terre à découvert ; et tout cela est peuplé d'animaux innombrables, à tel point que la nuit, on est obligé de laisser courir sur soi de petits lézards pour chasser d'autres insectes plus dangereux. A part ces désagréments et la chaleur qui est torride, on pourrait appeler Ceylan un paradis terrestre ; c'est là, d'ailleurs, qu'une tradition place le séjour d'Adam et d'Ève. L'enfer nous attendait de l'autre côté du golfe de Bengale.

Après les îles Nicobar et Poulo-Rondo, nous entrons dans le détroit de Malacca. La mer est toujours belle,

Malgré la force du courant, nous avançons rapidement. Les sites deviennent de plus en plus charmants. Les ananas sont aussi nombreux que les chardons en France. En passant devant son habitation, le mandarin prend de nouveaux rameurs et se fait donner, par une de ses femmes, une écharpe de soie qu'il étend sur une de ses épaules. Cet ornement ne se porte que dans les grandes cérémonies. Nous rencontrons bientôt deux ponts d'une rare simplicité : des piquets, enfoncés deux à deux dans le lit de la rivière et reliés par des traverses, portent un tablier très étroit, fait de planches mobiles et divisé en panneaux qu'il suffit de retirer pour livrer passage aux jonques. Le trajet du Tenli-Sap à Compong-Tien a demandé huit heures ; de Compong-Tien à Siem-Réap, nous mettons deux heures.

CHAPITRE V

DE SIEM-RÉAP A ANGCOR-WAT

Siem-Réap. — Visite au gouverneur; son habitation; son hospitalité. — En route pour Angcor-Wat. — Rencontre d'un messager.

Le chef-lieu de la province d'Angcor est une ville importante, située au bord de la rivière. La population dépasse vingt-cinq mille âmes. De nombreux bateaux y stationnent et appartiennent presque tous à des marchands chinois qui viennent échanger leurs produits contre de la soie grège, des peaux de buffles et de l'ivoire. Des éléphants domestiques se baignent dans la rivière à côté des indigènes; quelques jeunes femmes nagent facilement tout en portant un enfant. Le mandarin nous fait débarquer sur la rive droite, devant un grand

« sala » où nous attendons les attelages qui doivent nous conduire aux ruines d'Angcor. Mais, pour les obtenir du gouverneur de la province, une entrevue avec ce haut dignitaire est indispensable. J'endosse donc mon plus bel uniforme.

La foule s'amasse autour de nous; c'est à peine si le mandarin qui est allé prendre les ordres du gouverneur et revient nous chercher, peut se frayer un passage; huit personnages, décorés comme lui d'écharpes, l'accompagnent. Le cortège se forme dans l'ordre suivant : le mandarin qui fait office d'introducteur, le « louq-mi-top », les maîtres mécaniciens, les matelots et mon ordonnance, enfin la suite du mandarin et les annamites. C'est ainsi que nous arrivons à travers la populace jusqu'à la citadelle où réside le gouverneur.

Cette forteresse s'élève au fond d'une grande place qui longe la rivière et forme un parallélogramme dont les grands côtés ont environ quatre cents mètres; le mur d'enceinte, haut de trois mètres, est soutenu à l'intérieur par un talus; les angles sont bastionnés. Au centre de chaque courtine est une large ouverture défendue par un gros canon. C'est, je crois, l'œuvre des Portugais. A l'intérieur sont les habitations du gouverneur, du second chef de la province et de divers fonctionnaires. La demeure du gouverneur est à gauche de l'entrée principale et disposée de telle sorte qu'elle forme une petite enceinte dont toutes les ouvertures donnent sur une cour centrale. La salle de réception tient, à elle seule, tout un côté; on y arrive par un escalier d'une quinzaine de marches, aussi large que la façade; des colonnes en bois de fer bordent un vaste péristyle.

Le gouverneur nous attend au haut de l'escalier, entouré de serviteurs humblement accroupis. La cour est pleine de curieux assis sur leurs talons. Le seigneur de ces lieux me prend affectueusement les mains et me fait de grands saluts que je lui rends coup sur coup. C'est un jeune et vigoureux gaillard qui a l'air intelligent. Un « langouti » couvre à peine son vaste abdomen. Ses mains, qu'il tient levées à la hauteur des épaules, la paume en dehors, sont agrémentées d'ongles longs de trois à quatre centimètres. C'est là, paraît-il, ce qui passe à Siem-Réap pour une marque de suprême élégance. Je m'assieds dans un fauteuil en bois noir dont le fond est fait d'une mince lame d'albâtre; et nous causons. Malheureusement mes gestes ne sont pas compris; que faire? Je remarque une porte entr'ouverte qui laisse voir une vingtaine de femmes. Peut-être y a-t-il quelque annamite parmi les compagnes du gouverneur? En effet, un de nos hommes se fait comprendre de l'une d'elles, et nous pouvons ainsi entrer en conversation. Je dis quel est le but de notre voyage et je prie notre hôte de vouloir bien mettre à notre disposition les moyens de transport nécessaires pour aller à Angcor-Wat. Je présente ensuite les deux mécaniciens. Le gouverneur, en apprenant que ces messieurs font marcher les bateaux sans rames et sans voiles, les traite avec une distinction particulière, et nous accorde gracieusement tout ce que nous demandons. Puis, à un signal du maître on dresse deux tables, l'une pour les maîtres et le « louq-mi-top », l'autre pour les matelots. Les annamites sont servis sur le sol, à la façon de leur pays. En un clin d'œil, les tables sont chargées de vaisselle dépareillée, de verres de toutes les formes et de toutes les dimensions, de couverts en fer, en ruolz, en étain, de grands bols en porcelaine de Chine ou en terre grossière, pleins de riz, de porc coupé en petits morceaux, de « carry », de piments. Le gouverneur nous indique nos places, et, après un grand salut, va s'étendre sur des coussins, au seuil de son harem. Quel excès de politesse! C'est nous dire, en effet : vous êtes les maîtres ici, je ne suis que votre humble serviteur. Mais je fais comprendre à ce charmant homme que ce serait un honneur pour nous de l'avoir à nos côtés. Il accepte l'invitation, qu'il attendait sans doute, et se met à table avec son jeune frère qui jusque là était resté dans la foule.

A Siem-Réap, on ne boit que de l'eau; aussi, quand mon soldat revient du « sala » avec quelques bouteilles de vin et un peu de tafia, est-ce une grande joie parmi les convives. Un seul verre de vin provoque chez notre hôte une folle gaîté. Il me parle directement, comme si je le comprenais, il me serre le bras, touche mon uniforme, essaie mon casque, examine nos armes et montre le tout à ses gens avec de longues explications. Nous buvons encore quelques gouttes de tafia et fumons de bons cigares de France. Alors tout décorum disparaît; les fronts se relèvent, les yeux brillent : on est heureux. J'applique quelques vigoureuses claques sur l'abdomen rebondi du noble seigneur chaque fois qu'il s'approche trop de moi. Il se frappe lui-même et rit aux éclats. On nous fait ensuite de la musique. L'unique instrument en usage ici se compose d'un chassis en fer à cheval, qui porte suspendus une dizaine de timbres en cuivre. L'artiste, assis au centre, frappe sur les timbres avec une baguette. Les airs qu'il joue sont lents, mélancoliques et toujours dans des tons mineurs.

Le gouverneur voudrait nous garder au moins jusqu'au lendemain, mais je tiens à rallier la mission aujourd'hui même. On amène dans la cour autant de chars à bœufs que nous sommes de Français, un char à buffles pour les annamites et deux autres pour les bagages. Le convoi sera escorté, pendant une partie du trajet, par quelques notables à cheval, sous le commandement du frère du gouverneur, qui, pour cette circonstance, a revêtu un uniforme d'enseigne de vaisseau, pris je ne sais où. Décidément on fait bien les choses. L'important cortège se met en marche, et les véhicules font, avec leurs essieux de bois mal graissés, un affreux vacarme.

A peine avons-nous dépassé la forteresse, que nous atteignons une merveilleuse forêt, dont les arbres, enlacés de lianes épaisses, bornent la vue à quelques pas. L'inégalité du sol, la variété des essences, les contours du chemin causent à chaque instant de nouvelles surprises. Mais quelle route épouvantable! Les roues des chars s'enfoncent à tout moment dans des ornières boueuses; de grosses racines leur impriment de terribles secousses. Seuls, les conducteurs restent impassibles. De cahots en cahots, mon chariot, qui est le plus élégant, mais le moins solide, finit par se briser, et je roule dans un bourbier. Le convoi s'arrête, les attelages se dispersent, et ce n'est qu'une grande heure après, qu'on trouve du bois assez dur pour faire un autre essieu. On démonte et on remonte le char pièce à pièce. On le consolide avec des lianes, et nous pouvons enfin, poursuivre notre chemin. Mais, cent pas plus loin, le char des annamites se disloque à son tour. Le temps presse, nous abandonnons le véhicule. Les annamites retroussent leurs vastes pantalons et continuent la route à pied.

Nous rencontrons un superbe éléphant, monté par un indigène absolument nu. Les deux personnages voudraient prendre le chemin que nous tenons et nous obliger à passer dans le fourré; mais je crois de ma dignité de « louq-mi-top » de ne pas céder. Bientôt un jeune homme se présente à nous, vêtu à l'européenne, et nous salue gracieusement en français; c'est le principal interprète de la mission Delaporte et le frère d'une des femmes de Norodon, dont j'ai vu la tête sur un bambou à Phnom-Penh. Il me remet un billet ainsi conçu : « J'apprends que des Français sont à Siem-Réap ; « je mets mon interprète à leur disposition et les attends « à mon campement d'Angcor-Thôm ». Voilà qui arrive à propos ; nous savons maintenant où est exactement la mission, et nous possédons un guide intelligent.

Notre voyage s'effectue alors dans de meilleures conditions. L'interprète obtient des conducteurs qu'ils prennent plus de précautions et accélèrent la marche ; nous n'en sommes pas moins éclaboussés à chaque flaque d'eau. Tout à coup, l'homme qui conduit mon véhicule se retourne et me dit du ton le plus calme : « Louq, Angcor-Wat! » Au mot magique que j'attendais avec avec tant d'impatience, je me cramponne aux traverses du char pour me tenir debout et j'ouvre de grands yeux ; mais je ne vois d'abord rien de particulier. Cependant quelques minutes après, j'aperçois, se dessinant sur le côté droit de la route, de grandes masses grisâtres, surmontées de pyramides. Presque aussitôt, nous nous arrêtons devant un gracieux perron en forme de croix latine, dont le grand bras, perpendiculaire à la route, traverse un immense bassin. Je quitte le convoi pour m'approcher du monument.

CHAPITRE VI

ANGCOR-WAT ET ANGCOR-THOM

Passage à Angcor-Wat. — Angcor-Thôm; les ruines des temples, de la ville, du cirque.

Angcor-Wat, œuvre merveilleuse d'un génie ignoré! On éprouve je ne sais quel sentiment de grandeur à la vue de ce prodigieux édifice. Bientôt, sans doute, je pourrai pénétrer dans ce vénérable sanctuaire, me promener sous ces voûtes que le temps a respectées depuis des milliers d'années, parcourir ces galeries immenses, pleines d'ombre et de mystère où tout un peuple, à jamais disparu, venait prier.

En attendant, je serre la main à monsieur Faraut, détaché momentanément de la mission, qui est venu à notre rencontre; c'est le premier Français que nous voyons depuis le Tenli-sap. Il appartient à l'administration des Ponts-et-Chaussées et s'occupe de lever les plans des monuments de la contrée. C'est un homme aimable et modeste. Pour le remercier de ses prévenances, je ne puis lui offrir qu'un pain de munition qu'il accepte d'ailleurs avec un plaisir extrême. Après une heure de repos, passée près de lui, je rejoins le convoi, et nous continuons notre route vers Angcor-Thôm, non sans retourner bien souvent la tête.

D'Angcor-Wat à Angcor-Thôm, la distance est de cinq kilomètres. A mi-chemin, nous remarquons, à gauche, une éminence, appelée Phnom-Bakheng, qui porte les ruines d'un monument composé de petits temples superposés et de grands escaliers décorés de lions. Un bloc de pierre marque l'entrée du sentier qui y conduit. De tous les côtés gisent, à moitié enfoncés dans la terre, des pierres sculptées, d'énormes têtes à plusieurs figures, des torses humains, des anneaux de serpents gigantesques, des queues de paons fantastiques. Un bassin s'étend à perte de vue, sur les côtés de la route ; c'est de là qu'émerge le mur d'enceinte d'Angcor-Thôm.

Nous avons, devant nous, un monument étrange qui ne rappelle aucun souvenir, et qui pourtant est plein de grâce et d'harmonie : c'est une des grandes portes d'Angcor-Thôm. Le seuil est à trois mètres au-dessus du sol ; on y arrive par un escalier ruiné. De chaque coté, d'immenses éléphants, reliés à la muraille, forment les premières assises de l'édifice ; leurs trompes qui cueillent des gerbes de fleurs, soutiennent leurs têtes pesantes et forment des colonnettes d'un genre particulier. Au-dessus, s'élèvent des géants qui soutiennent des femmes aux mains jointes, et coiffées de mitres, puis une grande quantité de motifs de sculpture, que la distance nous empêche de distinguer ; enfin, un bouquet de lotus surmonte le tout. Jusqu'au niveau du mur d'enceinte, c'est-à-dire jusqu'à dix mètres environ de hauteur, le monument est rectangulaire ; il se termine en pyramide. Presque au sommet, se dresse un gros arbre qui couvre de ses larges branches cette construction bizarre.

Angcor-Thôm (la grande) ne se compose pas, comme Angcor-Wat, d'un édifice isolé ; c'est une ville, l'ancienne capitale, dit-on, du pays Kmer. Sa forme est celle d'un parallélogramme qui a trois mille huit cents mètres de côté, chaque face est percée au centre d'une porte monumentale, à laquelle on arrive par de majestueuses avenues de granit, bordées de géants accroupis, dont quelques-uns ont sept têtes et quatorze bras, et soutiennent le corps d'un énorme serpent. De distance en distance, le monstre se relève et s'épanouit en forme de queue de paon composée de sept têtes de dragons. Toutes ces sculptures ont été mutilées par le temps ou la barbarie.

Nous franchissons les marches qui précèdent la grande porte et nous pénétrons dans l'enceinte d'Angcor-Thôm. Il n'y a plus là qu'une forêt parsemée de ruines. A droite, on remarque un nombre considérable de tours couvertes de larges faces humaines ; elles appartiennent à un monument appelé le Baion. Un peu plus loin, à gauche, on rencontre un grand mur percé de larges ouvertures, puis deux statues de Bouddha, colosses assis, faits de brique et de chaux. Un serpent se déroule en ce moment sur les genoux de l'un d'eux. Derrière, est un vaste bassin entouré d'une élégante balustrade à moitié ruinée. Les singes et les écureuils troublent seuls cette grande solitude.

En approchant du centre, on trouve quelques cocotiers, des bananiers, des arecquiers, des orangers même. Une unique famille, dont le chef croit descendre des anciens rois du pays, habite aujourd'hui, l'ancienne capitale de ce grand peuple. Cette sorte d'oasis cache un vaste cirque inondé, bordé d'un coté par deux énormes masses de pierre surmontées d'une terrasse que soutiennent des géants à têtes de monstres ; elles paraissent avoir servi de tribunes à d'immenses arènes. Des parcs qui sont dans le voisinage, semblent d'ailleurs, par leur disposition, avoir été destinés à garder des éléphants, des bœufs et peut-être même des animaux féroces. C'est à deux cents mètres des tribunes que campe la mission.

TROISIÈME PARTIE

SÉJOUR AUX RUINES

CHAPITRE I

Rencontre de la mission Delaporte. — Le Baïon. — Premiers moulages.

A notre arrivée, un homme blond, de taille moyenne, vêtu d'une blouse grise, la barbe inculte, le visage bruni et fatigué, vient au-devant de nous : c'est M. Delaporte. Il nous présente aux docteurs Harmant et Julien, aux ingénieurs Ratt et Bouillé. A l'exception du docteur Harmant, tous ces messieurs sont malades. On nous questionne beaucoup sur le monde civilisé, ou reputé tel, que nous venons de quitter, sur la Cochinchine, seconde patrie de ces exilés volontaires. Après un modeste repas, où le pain que nous apportons à tous les honneurs, on m'indique l'endroit où je dois coucher. Il y a, pour tout ameublement, une paillasse abritée par des lambeaux de moustiquaire.

Le lendemain matin, au point du jour, tous les gens valides sont debout. Le personnel de la mission se compose d'environ cent cinquante hommes, officiers, dessinateurs, matelots, interprètes, cuisiniers, hommes de corvée, etc. Le campement occupe les trois côtés d'une place encombrée de voitures, de caisses et de matériaux. Ce qu'on nous raconte et ce que nous voyons prouve que les privations ont été grandes et les fatigues excessives.

Nous convenons que je retournerai aujourd'hui à Angcor-Wat pour commencer mes travaux. Des voitures, destinées à transporter une partie du matériel de la mission, m'accompagneront jusque-là. En attendant le déjeuner, nous allons visiter le monument appelé le Baïon. Le chemin que nous prenons n'est pas celui que nous avons suivi hier ; celui-ci est plus direct, mais aussi moins praticable. Nous ne rencontrons que des décombres, des broussailles épaisses et des eaux stagnantes. Le Baïon est regardé comme la merveille des monuments Kmers ; c'est en tous les cas, celui qui cause la plus grande surprise.

Cet édifice est à peu près carré et se compose de trois

Le « Baion ».

étages enveloppés l'un par l'autre. Les deux premiers sont formés de galeries avec mur plein au fond et colonnade sur le devant ; les angles se terminent par de magnifiques rotondes ; chaque face est percée de portes qui s'ouvrent sur de gracieux vestibules surmontés de tours pyramidales. Ces deux galeries reposent sur de majestueux soubassements. Le troisième étage est porté par une énorme masse de pierre en forme de croix latine. Sur le grand bras s'élèvent quatre tours. Douze autres tours se dressent aux angles de la croix. Le sanctuaire, au centre, est percé de seize portes qui donnent accès dans des chapelles ornées de grandes statues; il est en outre, surmonté d'une tour beaucoup plus haute et plus riche en sculptures que toutes les autres, et flanquée elle-même de neuf tours et de deux campaniles. Toutes les ouvertures du monument sont décorées de groupes de femmes, de danseuses coiffées de mitres, de figures symboliques. Les fenêtres sont garnies de colonnettes sculptées qui font office de grillages. Sur les quatre côtés, des tours le principal motif de sculpture est une large face humaine. Le fond des galeries disparait sous les bas-reliefs. Un pareil chef-d'œuvre demanderait un volume entier de description ; nous ne pouvons rappeler ici que les parties les plus saillantes. On ne voit plus du Baïon que les étages supérieurs. Le soubassement de la première galerie disparait sous les décombres. Il devait y avoir, en avant, des terrasses et des bassins que traversaient de merveilleuses chaussées. Le monument restauré ne compterait pas moins de cinquante et une tours ou campaniles.

Encore tout entier sous le charme de ces ruines grandioses, je reviens au campement avec M. Delaporte. Une maigre chère et de tristes convives nous attendent. Tout le monde a hâte de retourner à Saïgon, et si j'y consens, on me laissera bientôt seul. Une heure après, je me mets en route pour Angcor-Wat. Les voitures qui m'accompagnent sont trop chargées; elles atteignent cependant la porte de la ville sans accident. Mais, en descendant les degrés e[illegible]ieurs, des objets se déplacent, tombent sur le dos des buffles du premier attelage, qui ont peur et vont rouler, avec leur chargement, dans une immense ornière. Malgré la chaleur extrême dont nous accable l'astre par trop radieux, nous nous mettons à réparer les avaries. Heureusement pour nous, une troupe d'indigènes qui vient à passer, consent à nous prêter, moyennant une légère rétribution, un véhicule solide. Nous pouvons ainsi atteindre Angcor-Wat avec tous nos bagages.

Nous nous installons sans retard près de M. Faraut, et je voudrais déjà commencer ma besogne. Mais une piqûre d'insecte m'a fait considérablement enfler le bras droit. Je visite cependant notre nouvelle résidence.

Après avoir traversé le grand bassin qui entoure tout Angcor-Wat, on rencontre une splendide galerie qui forme la face principale de l'enceinte. Derrière le vestibule central s'étend une chaussée qui traverse un second bassin et conduit à la grande pagode. La bonzerie, qui est près de ce dernier édifice, compte une centaine de constructions assez coquettes et habitées par les bonzes et leurs serviteurs. Ces maisons sont séparées de la grande pagode, du côté gauche de la chaussée, par un petit édifice religieux, tout moderne, fait de bois et de bambous, élevé sur des pilotis hauts de deux mètres, et ouvert de trois côtés. On y accède par deux échelles, et l'on voit au fond de petites statues dorées de Bouddha. La partie centrale, un peu plus élevée, est réservée aux bonzes et aux personnes de qualité. Une balustrade ouvragée entoure le tout. C'est dans ce petit monument que nous avons élu domicile.

J'examine particulièrement la muraille de la grande pagode, sur laquelle il me faudra prendre des empreintes. Les parties les plus délicates des bas-reliefs sont très friables; le contact du ciment les détruirait toutes; il faudra trouver un moyen de les consolider. Il me semble que du papier de soie, légèrement mouillé, pourra retenir momentanément ces petites écailles de pierre. Je remarque également beaucoup de petits trous qui devront être remplis, beaucoup de membres mutilés qui devront être remis à ces danseurs, à ces singes, à ces guerriers. Tout cela sera fait, mais avec beaucoup de temps.

Le mécanicien Penaud part aujourd'hui pour Phnom-Penh, où il doit diriger un atelier de réparations, appartenant au roi Norodom. Je profite de son départ pour faire demander à mon camarade Aymonier du vin, du sucre et du café. Les vivres arrivent ici très difficilement; et pourtant il est indispensable d'entretenir ses forces et sa santé.

Le docteur Julien est venu nous rejoindre ; il est de plus en plus souffrant et reste couché. Je l'ai surpris regardant avec émotion quelques photographies; nos yeux se sont rencontrés, et il m'a montré les portraits de sa femme et de ses enfants.

Nous attendons depuis deux jours les vivres que l'on doit nous envoyer d'Angcor-Thôm ; ils n'arriveront que demain... ou plus tard. Aussi, rencontrant ce matin un indigène qui portait un énorme poisson à Bouddha, c'est-à-dire à ses prêtres, ai-je donné quelques sous au pieux citoyen en échange de son offrande. Nous faisons également une ample provision d'œufs, de canards et de poulets. La question de cuisine réglée, revenons à nos travaux de moulage.

Je choisis, pour premier essai, un montant de porte décoré de bas-reliefs représentant deux jeunes femmes, chargées de bijoux et tenant une fleur à la main. Je refais à ces dames un nez, une lèvre et deux doigts ; après avoir étendu un peu d'huile de coco, j'applique le ciment, d'abord une première couche, puis une seconde, et je maintiens le tout avec un couvercle de caisse qui soutient un bambou appuyé à la muraille opposée. Il ne reste plus qu'à attendre. Les bonzes étonnés de ces apprêts, montrent de l'inquiétude et passent et repassent devant l'appareil.

CHAPITRE II

Départ de la mission Delaporte. — To, Tan et Ta. — Malveillance des bonzes. — Mort d'un chien; un sacrilège.

Aujourd'hui, 3 octobre, la mission tout entière vient camper à Angcor-Wat. MM. Delaporte et Bouillé sont sérieusement indisposés; M. Ratt, plus malade encore, à dû se rendre, au plus vite, à Phnom-Penh; seuls MM. Harmant et Faraut sont assez bien portants. Je présente à ces messieurs ma première épreuve de moulage. Elle s'est détachée facilement de la muraille et reproduit jusqu'aux moindres détails de sculpture. Il est alors décidé que je resterai ici avec les trois annamites To, Tan et Ta et mon soldat. Aux instructions qu'il me donne, M. Delaporte ajoute quelques cadeaux pour les indigènes dont j'aurai à réclamer les services, douze bouteilles de vin de Bordeaux et dix-huit litres de vin aigre. Un des annamites, qui sait quelques mots de cambodgien, me servira d'interprète.

Autour du campement règne une activité fièvreuse ; le ban et l'arrière-ban des corvéables du pays ont été requis. Je compte jusqu'à vingt-sept chars attelés de buffles et de bœufs. A dix heures, on donne le signal du départ, et le long convoi s'ébranle. J'accompagne nos compatriotes jusqu'à la première marche du monument, et, après les avoir vus disparaître lentement dans la forêt, je regagne le lieu où doivent s'écouler pour nous de longs jours de travail.

Maintenant, seul responsable de mes actions, j'assigne à chacun ses fonctions et je règle l'emploi du temps. Après avoir prié Bouddha de me prêter, pour un instant sa divine sagesse, j'établis ce qui suit : on se lèvera et on se couchera avec le soleil. Nous prendrons le matin, à défaut de café, une infusion de citronnelle, qu'on trouve ici en abondance ; après quoi nous nous mettrons au travail. Je m'occuperai des moulages avec l'aide de Tan et de mon soldat. To fera la cuisine. Ta lavera le linge, nettoiera les armes, ira aux provisions. A onze heures nous mangerons copieusement. Un petit tonneau à ciment me servira de table; la gamelle et le gobelet du soldat seront toute ma vaisselle. Les hommes auront à leur disposition une marmite et une gamelle de campement. Après le déjeuner nous ferons la sieste, et, à deux heures, nous nous remettrons au travail jusqu'à six heures. Puis, après le bain, nous prendrons un second repas. Tout le monde pourra ensuite se livrer aux exercices les plus variées pour entretenir la bonne humeur et la libre circulation du sang. Avant le coucher, les armes seront visitées et un grand feu sera allumé pour sécher les vêtements et chasser les moustiques. Il y aura toujours des vivres en réserve et du tabac à discrétion. On se reposera un jour par semaine.

Au réveil, nous sommes entourés de bonzes qui semblent mal disposés à notre égard. Ils visitent notre habitation avec un soin minutieux; l'un enlève un fragment de sculpture, l'autre emporte un tonneau vide, des planches, tout cela avec un sans-gène vraiment charmant; quelques uns se mettent en devoir de démonter mon lit. Mais halte-là, messieurs! — Je crains bien que les haines provoquées par la mission Delaporte ne retombent sur nous. Je mets aussitôt mon uniforme, et me rends, avec deux annamites, chez le chef des bonzes. Informé de notre arrivée, ce personnage, qui est, dit-on, parent du roi de Siam, vient nous recevoir à l'entrée de sa case et me fait asseoir à ses côtés. Notre démarche semble le flatter. Cependant il cause avec animation et se plaint, dit l'interprète, de la mission Delaporte, qui a enlevé des idoles et pillé le pays. Il ajoute que le mieux pour nous est de partir au plus vite. Je réponds, sans me troubler, que la mission a toujours agi avec l'assentiment de l'autorité et payé ce qu'on lui a fourni. Notre hôte réplique, non sans quelque amertume, que M. Delaporte n'est jamais venu le voir. Aussi, je me félicite de ma visite et j'essaie de faire comprendre au chef des bonzes que nos travaux sont bien plutôt utiles que nuisibles, puisque nous nettoyons et réparons les sculptures, au lieu de les dégrader. Son ton se radoucit; il se met à regarder mon uniforme et surtout mes bottines, que je n'hésite pas à quitter. Je l'invite à les mettre. Il les essaie, et les élastiques le surprennent beaucoup. Il paraît joyeux comme un enfant qui reçoit un jouet nouveau. Il marche dans sa case, en levant fièrement la tête. Allons! il faut en prendre son parti et sauver la situation. J'envoie chercher ma seconde, et, désormais, unique paire de bottines, et je prie le grand bonze de garder celles qu'il a aux pieds et qui lui vont si bien. J'ai rarement vu un homme plus sincèrement heureux. Je me retire enfin, non sans jeter un regard plein de regret, mais aussi de reconnaissance, à ces pauvres chaussures qui, avant la fin de la journée, auront probablement été essayées par tous les bonzes de la bonzerie.

Depuis deux jours, d'affreux chiens rôdent continuellement autour du campement et volent tout ce qu'ils rencontrent. Je profite du moment où ils renouvellent leurs méfaits pour en abattre un d'un coup de revolver. La détonation et la chute de l'animal étonnent au dernier point quelques indigènes. Un autre chien étant venu flairer le premier, subit le même sort. C'est alors une véritable panique : on se sauve à toutes jambes, à la grande joie de mes annamites. Après cette double exécution, je vais me remettre au travail ; mais il était écrit que cette journée serait pleine d'incidents. Un groupe de bonzes, ceints de l'écharpe de cérémonie, se dirige vers nous. Le chef de la bonzerie ouvre la marche; il vient nous rendre notre visite. Après les salutations d'usage, on s'assied. Il paraît que les pieds d'un bonze au repos doivent être plus élevés que ceux des simples mortels. Aussi, ceux qui sont près de moi, voyant que j'occupe une place plus élevée, relèvent-ils leurs jambes sous eux. Les convenances sont ainsi observées.

Il n'est plus question des différents du matin ; mais il parait qu'en répandant le sang dans l'enceinte sacrée, j'ai commis un sacrilège. Je m'excuse par mon ignorance des lois de Bouddha. Le chien, du reste, n'étant pas classé parmi les animaux chers à ce dieu, on oublie bientôt le sacrilège pour s'occuper de tous les objets dont nous nous servons. C'est le papier qui attire d'abord l'attention des visiteurs ; j'en indique l'usage en traçant quelque lignes. Je place ensuite le crayon entre les doigts du chef qui écrit, à son tour, quelques caractères cambodgiens. Ma montre est examinée avec soin. J'essaie d'en expliquer l'utilité ; mais, voyant mon peu de succès, je trace sur le sol un cercle de chiffres ; puis, inclinant une baguette de façon à en projeter l'ombre dans le cercle, j'établis un rapprochement entre la marche du soleil et le mouvement des aiguilles de la montre. Mais ce que l'on désire surtout, c'est voir l'arme qui a foudroyé les chiens. Je tire le revolver de son étui et je loge une balle dans une poutre voisine. Je remets ensuite l'arme au grand bonze et je lui fais presser la détente. Il tire les cinq autres coups. Sa surprise est extrême. Ce n'est plus une arme à feu ordinaire, mais bien un mystérieux instrument de mort qui tue sans qu'on le charge. On voudrait aussi savoir à quoi peuvent servir mes travaux. Les moules en creux ne disent rien. Je fais étendre une couche de ciment sur le sol ; puis, je verse de l'huile sur une des empreintes que j'applique sur le ciment. Cette série de démonstrations produit le meilleur effet. J'apprends, enfin, à ces messieurs que, grâce à des missions comme celle de M. Delaporte, la France possède, pour servir à l'instruction de ses enfants et à l'histoire du génie de l'homme, des specimens de l'œuvre de tous les peuples, qu'elle conserve dans de splendides palais. « Y a-t-il donc ailleurs des monuments aussi beaux que les nôtres ? » me fait demander l'un des bonzes. Je lui réponds, en toute sincérité, qu'il y en a peu : « C'est que, ajoute-t-il, nos monuments sont l'œuvre, non pas des hommes, mais des anges. »

CHAPITRE III

Arrivée d'un ami. — Provisions nouvelles. — Visite aux monuments de Phnom-Bakheng et d'Angcor-Thôm. — Le roi lépreux.

Ce matin, à la première heure, des indigènes ont apporté à notre campement, de la part du grand bonze, du riz, du poisson, des œufs et des fruits. Les annamites m'assurent que si les prêtres de Bouddha agissent ainsi envers nous, c'est qu'ils nous prennent sous leur protection, et que, désormais, nous pouvons compter sur leur dévouement.

Aujourd'hui, 7 octobre, à deux heures de l'après-midi, arrive un indigène tout essoufflé. Je crois comprendre à ses gestes, qu'il précède un grand personnage. Il nous sera donc impossible de vivre un seul jour tranquilles ! Presque aussitôt, débouche sur la plate-forme tout un convoi : et quel n'est pas notre étonnement en reconnaissant dans le mandarin annoncé, M. Aymonier, notre hôte de Phnom-Penh : « Que venez-vous faire ici? » lui dis-je, bien que sa visite nous procure une agréable surprise. Il m'apprend que la mission Delaporte, redoutant les mauvaises dispositions des autorités du pays, avait demandé des secours à Phnom-Penh, et que lui, qui travaille en ce moment, à un dictionnaire cambodgien, avait été envoyé pour faire entendre raison aux chefs indigènes. A son arrivée, toutes les difficultés ont disparu. Il profite de son passage dans la province d'Angcor pour en visiter les merveilles. Par la même occasion, ils nous apporte du vin, du sucre, du café et quelques conserves alimentaires. Cependant sa suite est nombreuse, et je me demande comment nous pourrons bien nourrir tout ce monde. Mais M. Aymonier ne s'embarque jamais sans biscuits. Pendant que nous conversons ensemble, ses hommes ont retiré déja des chariots une batterie de cuisine complète, une luxueuse vaisselle et des provisions aussi variées qu'abondantes. Je ne puis m'empêcher de jeter un regard de pitié sur ma gamelle et mon gobelet. Le couvert est mis au pied de la statue de Bouddha, qui n'a probablement jamais vu pareil festin.

Pour répondre de mon mieux aux prévenances de mon camarade, j'envoie chercher une des douze bouteilles de vin de Bordeaux, que je réserve pour les circonstances exceptionnelles. Mais hélas! le précieux vin n'est qu'une affreuse drogue. Nous examinons avec soin les bouteilles et nous découvrons que le cachet a été mis par quelque aimable farceur sur du vin de cambuse avarié. Nous rions beaucoup de l'aventure, et mon compagnon fait un signe à son échanson qui nous apporte un véritable nectar : c'est, je crois, du rancio. Nous sommes vite consolés.

Le lendemain, au lever du soleil, nous partons pour courir à travers les ruines avec quelques hommes et un excellent déjeuner froid. A mi-chemin d'Angcor-Thôm, nous prenons le sentier qui conduit à Phnom-Bakheng. Les singes font devant nous des bonds capricieux. Nous en tirons quelques-uns sans résultats apparents. On prétend, du reste, que, même morts, ils restent suspendus par la queue, et que leurs parents et amis viennent alors les chercher pour leur donner une sépulture convenable. C'est là une croyance que je rapporte sans en garantir la véracité. Après un quart d'heure de marche dans la même direction, nous trouvons deux énormes lions de pierre, au repos, la gueule ouverte. Cent mètres plus loin, deux autres lions précèdent un escalier monumental qui monte jusqu'au haut du mamelon quadrangulaire sur lequel s'appuie le plus étrange édifice qu'on puisse voir.

Ce monument a six étages; les cinq premiers portent chacun douze petits temples, un à chaque coin et deux sur chaque face. Entre ces derniers, montent de gigantesques escaliers, ornés de deux lions. L'étage supérieur se compose d'une large plate-forme, avec balustrade, qui porte une grande tour presque entièrement ruinée. Sur le côté septentrional du monument central, et un peu au-dessous, se trouve, d'après la tradition, une empreinte du pied de Bouddha. C'est une excavation qui a six pieds de longueur et deux de profondeur. Le fond est couvert de sculptures symboliques. On prétend qu'il y a, sur des points élevés, entre Ceylan et la province d'Angcor, quatre empreintes semblables qui indiquent, sans doute, la marche de la doctrine indoue. Tous ces monuments, dégagés des bois qui les cachent, doivent former un ensemble grandiose dont les édifices européens ne sauraient donner une idée. Phnom-Bakheng est à une centaine de mètres au-dessus de la route qui va d'Angcor-Wat à Angcor-Thôm. Au sommet, la vue est splendide dans la direction du Tenli-Sap.

En descendant, nous livrons aux singes un combat tout aussi heureux que le premier. Ils se font arme de tout; nous marchons sous une véritable pluie de branches sèches et de fruits. Ils nous poursuivent de leurs cris jusqu'à la route qui mène à la capitale du pays Kmer. En pénétrant dans Angcor-Thôm, mon compagnon, bien prévenu cependant, ne peut en croire ses yeux. Il s'arrête à chaque pas et reste muet de surprise et d'admiration. Nous visitons ensemble le Baïon, Baphone, Pinianicas, Préapithu, Tolkéo et les amphithéâtres où se trouve la statue du « roi lépreux ». C'est à ce monarque qu'une légende fantaisiste attribue la construction de toutes ces merveilles. Ces monuments, quoique semblables par leurs dispositions principales, appartiennent à des époques différentes, ainsi que le prouvent les proportions et le fini des détails. Les édifices religieux se distinguent des autres en ce qu'ils sont surmontés de tours et que leur partie centrale, ou sanctuaire, domine tout le monument. Mais il faudrait de longues et pénibles recherches pour arriver à établir la disposition intérieure de ces constructions à moitié enfoncées dans les décombres et les végétaux. La mission Delaporte s'est attachée surtout à cette étude. Peut-être pourra-t-elle un jour révéler au public les principes de l'architecture Kmer.

Nous nous brisons les jambes à escalader des soubassements de vingt mètres de hauteur, à parcourir des galeries interminables, à grimper sur des toits faits de pierres dentelées. Aussi profitons-nous de l'abri de bambous, que les fidèles ont placé sur la tête du « roi lépreux », pour nous reposer et réparer nos forces. Disons en passant que ce roi a l'air bon enfant. Il est assis, il a les jambes croisées, le buste nu, la tête surmontée d'un petit toupet, les lèvres épaisses et des oreilles qui tombent jusque sur ses épaules.

CHAPITRE IV

Ruines de Phnom-Crom; fête de Brahma. — Les moustiques; les bœufs. — Retour à Angcor-Wat.

M. Aymonier est pressé de partir ; et je dois l'accompagner d'abord à Siem-Réap, où il me servira d'interprète auprès du gouverneur pour obtenir des moyens de transport jusqu'aux ruines de Préacan; puis à Phnom-Crom, où je dois prendre quelques moulages. Nous arrivons en grand équipage au chef-lieu de la province, et nous nous rendons immédiatement à la forteresse. Le gouverneur est parti pour assister aux noces du roi de Siam, son souverain. Nous sommes obligés de nous adresser au « louq » Ballat, gouverneur par intérim. Nous le trouvons entouré de trois de ses femmes, portant chacune un enfant sur la hanche. Son habitation est ornée d'images de Bouddha et de plusieurs saints catholiques ; ces derniers lui ont été donnés par la mission Delaporte. Le brave « louq » n'a vu aucun inconvénient à réunir tous ces personnages ; il est bon d'avoir des amis dans tous les camps. Il nous offre du thé et nous apprend que les ruines de Préacan sont dans la forêt de Compong-Soaï, à sept journées de marche en pirogue. On nous fournira, d'ailleurs, des embarcations et des rameurs. L'audience terminée, nous nous rendons à Phnom-Crom par la rivière d'Angcor.

Ce n'est pas sans une certaine satisfaction que je revois ces charmantes rives. A Compong-Tien, je réclame les bons offices du chef de corvée pour nous guider jusqu'au sommet du morne. Du côté opposé au Tenli-Sap, on arrive au haut du Phnom-Crom par des pentes assez douces. De là on aperçoit Phnom-Bakheng et les tours d'Angcor-Wat ; mais Angcor-Thôm, Siem-Réap et Compong-Tien sont cachés par les bois. A mi-côte, on rencontre un modeste ermitage, habité par deux bonzes annamites qui reçoivent généreusement les voyageurs.

Nous trouvons un abri de bambous, sous lequel est une statue colossale de Bouddha, et quarante mètres plus loin, vers l'Ouest, un amas de pierres sculptées d'où émerge une statue de Brahma à quatre faces, dont je prendrai l'empreinte, si la pluie, qui tombe à torrents, cesse un peu. En poursuivant, dans la même direction, on arrive aux ruines d'un temple, dont il reste encore trois tours bien conservées.

Pendant notre promenade, le chef de corvée a fait un grand feu sous l'abri pour sécher nos vêtements et préparer le repas; en attendant, j'essaie de mouler une des faces et le merveilleux chapeau de Brahma. Malheureusement, je n'ai à ma disposition que du papier chinois et de la colle forte que l'humidité détrempe. Cette besogne achevée, je trouve un excellent dîner servi sur le piédestal même du grand Bouddha, qui reste insensible, comme doit l'être un dieu de cette importance, au délicieux fumet de nos plats. Pour la première fois, nous mangeons des brochettes de petits poissons. Mon camarade me quitte bientôt, emportant, comme souvenir, une tête de Brahma, que je viens de trouver dans les décombres. Il disparaît d'abord dans les bois; mais, à la nuit tombante, nous distinguons les feux de son embarcation qui fuit rapidement sur Tonlé-Sap. Nous étendons alors nos nattes, et ravivons notre grand feu pour écarter les moustiques et servir en même temps de phare à la chaloupe.

Quelle nuit affreuse! Les moustiques s'acharnent après nous; la lueur du feu, dont la fumée n'est pas assez épaisse pour les éloigner, les attire. Chassés par la pluie, ils se réfugient en masse sous notre abri. Nous sommes couverts de piqûres, dont quelques-unes peuvent être dangereuses. Il y en a, paraît-il, qui provoquent un sorte de lèpre dont certains indigènes sont couverts. Pour comble de malheur, les troupeaux de bœufs que nous avons vus réunis sur le morne, gênés sans doute par notre présence, se sont livrés toute la nuit à des exercices désordonnés. Parfois ils couraient par groupes, ou se réunissaient et chargeaient tous ensemble ; le sol tremblait.

Le jour vient enfin nous débarrasser de tous ces ennuis. J'enlève de la face de Brahma le masque que j'y avais placé hier, et qui est encore humide; pourtant nous l'emballons, et nous nous préparons à partir, lorsqu'arrivent des indigènes endimanchés qui, ayant entendu parler du « louq-mi-top », viennent à notre rencontre. Nous leur distribuons des verroteries.

Nous arrivons de bonne heure à Angcor-Wat. Les

bonzes paraissent heureux de nous revoir. Ils ont profité de notre absence pour renouveler nos provisions de riz et d'œufs. Je leur offre, à mon tour, de beaux poissons achetés à Siem-Réap. Pour ménager ma petite provision de ciment, j'ai essayé, il y a quelques jours, d'employer du carton-pâte, qui malheureusement n'a pu sécher. Je retire aujourd'hui de la muraille six panneaux en ciment, bien venus grâce à de nouvelles précautions. Je sais maintenant que la proportion d'eau doit être modifiée chaque jour, soit que le ciment perde de sa force, soit que l'humidité augmente. C'est donc un tâtonnement continuel qui complique la besogne.

CHAPITRE V

Les hommes sont malades. — La pluie. — Les bas-reliefs. — Un accident. — Cérémonie funèbre.

Aujourd'hui, 15 octobre, mes quatre compagnons ont la fièvre et restent couchés. Je leur administre une forte dose de quinine dans du café, et je leur donne à boire du meilleur vin. Je fais la cuisine pour tous. Il pleut à torrent. Dans la galerie où je travaille, on a jusqu'à mi-jambe, de l'eau qui délaie la fiente des chauves-souris et des pigeons, accumulée là depuis des siècles. L'air est empesté, et les moulages en carton tombent en lambeaux. Que de travail perdu ! Décidément la journée est mauvaise. Regagnons notre campement et allons prendre une douche en attendant un ciel plus favorable.

Le vin et la quinine ont produit un excellent effet;

mes hommes vont beaucoup mieux. La pluie continue à tomber avec force, et la chaleur est telle qu'il est impossible de conserver sur soi le plus léger vêtement. Je reprends enfin mes travaux dans la galerie de droite.

Un bas-relief.

La lutte, représentée par le bas-relief, prend ici d'énormes proportions : hommes, chevaux, tigres, éléphants ; chars culbutés, brisés ; flèches, lances ; tout est mêlé, entassé. Puis viennent des processions triomphales, des femmes parées de diadèmes et suivies de prisonniers, ayant le type chinois, la cangue au cou. Les bas-reliefs de la galerie septentrionale sont inachevés; on dirait que les artistes, épuisés, après avoir décoré plusieurs milliers de mètres carrés, n'ont pu continuer leur œuvre. Il y a cependant, dans cette galerie, un géant et un dragon à sept têtes que je désire mouler. Pour les atteindre, je suis obligé de dresser un échafaudage de plusieurs mètres de hauteur avec des tonneaux vides. Malheureusement il n'est pas très solide, et je tombe en faisant un mouvement brusque pour chasser les moustiques.

To qui apporte du ciment, me cherche pendant un moment, puis revient au campement sans me voir. Mon soldat, apprenant que l'échafaudage est démoli, devine ce qui est arrivé. Mais il y a près de mille mètres du campement à la galerie où je suis étendu sans connaissance, sur des broussailles épineuses et couvertes de fourmis rouges. Il me trouve enfin, le visage couvert de sang. Pendant qu'on me rapporte au campement, je reprends connaissance, mais je souffre de la tête et du genou droit. Je fais verser une grande quantité d'eau sur les parties douloureuses, et je m'évanouis une seconde fois. On me veille toute la nuit.

Le lendemain, je garde le lit. La position de mes hommes me préoccupe. Je les réunis et je leur donne les instructions nécessaires pour leur retour, au cas où je viendrais à succomber ici. Cela fait, je suis plus tranquille. Après de nouvelles douches, vers le soir, je me sens un peu mieux. Les bonzes m'apportent, de temps en temps, une infusion de je ne sais quelle plante, qui me fait abondamment transpirer et me guérit. Je commence bientôt à me lever.

On fait à Angcor-Wat les préparatifs d'une grande fête: il s'agit de la crémation d'un bonze, mort il y a quelques mois et conservé à l'aide de préparations mercurielles. Un catafalque, construit avec de grands arbres et surmonté d'un dôme de papier de couleur, a été dressé sur la plate-forme, à gauche du temple. A l'intérieur s'élève un bûcher sur lequel repose le cercueil ouvert. Autour de ce monument, on a construit une véritable ville pour abriter les spectateurs qui viendront de loin. Ce n'est pas une mort douloureuse qu'on déplore, c'est l'entrée au paradis d'un fervent disciple de Bouddha qu'on fête.

Vers neuf heures du matin une foule compacte arrive en poussant des cris de joie. Les « langoutis » et les écharpes aux couleurs éclatantes produisent de singuliers chatoiements sur ces corps légèrement ambrés. Les femmes portent au sommet du front un petit toupet qui leur donne un air lutin ; mais elles sont défigurées par de longues oreilles que déchirent de grossiers bijoux. C'est, je suppose, un moyen de détourner des yeux les « humeurs peccantes » comme dit Molière. — Les Arabes, les Somalis, les Caffres, se font des entailles sur les joues, peut-être dans la même intention. Les Indiens se percent non-seulement les oreilles, mais encore le nez, d'une infinité de petits trous dans lesquels ils logent des diamants et des rubis. — De grands seigneurs, montés sur de magnifiques éléphants, mettent pied à terre devant notre campement et attendent très certainement nos hommages. Ne voyant paraître personne, ils se mettent à gravir eux-mêmes nos échelles.

Enfin la cérémonie commence. On essaie de faire partir deux petits canons, vieux de plusieurs siècles. Mais la poudre est avariée et ne brûle pas. La déception est complète. Je dis à mes hommes de charger leurs fusils et de tirer ensemble. C'est alors une joie universelle. L'arrivée du grand bonze, suivi de toute la bonzerie, nous appelle au dehors. Le cortège se forme, et chacun se place, selon son rang, à la file. Le bûcher est aussitôt entouré, et tout le monde récite des prières. On met une pièce de monnaie dans la bouche du mort et quelques aliments à sa portée. Après quoi, on secoue des torches enflammées sur le bûcher, et le cadavre brûle. Il faudra trois jours pour que la crémation soit complète. En attendant, on se retire ; le mort reste sous la garde de quelques indigènes. Les grands seigneurs remontent sur leurs éléphants, et la foule se répand sur la plate-forme pour s'y livrer à la joie la plus vive. Voilà un peuple qui a vraiment la foi ; il croit à une vie meilleure et se réjouit du bonheur de l'un des siens. Chez nous, on a généralement la même espérance, et, cependant, on regarde la mort comme la plus grande des calamités.

CHAPITRE VI

Les bijoux. — Une petite fête. — Le cerf-volant. — Un bonze qui se fâche.

Les réjouissances ont continué pendant une partie de la nuit, et repris ce matin. La fumée du bûcher arrive jusqu'au campement, l'odeur de la chair calcinée s'ajoute aux parfums habituels d'Angcor-Wat. On nous visite beaucoup. Nos bouteilles vides et nos miroirs ont un véritable succès. Un grand garçon me prie de lui donner des boucles d'oreilles. « Est-ce pour toi ou pour ta femme? » « Pour moi », répond-il. — « Mais tes oreilles ne sont pas percées ! » Il saisit un morceau de bambou et se fait une large déchirure à chaque oreille. Devant un désir aussi énergiquement exprimé, je ne puis refuser, mais je ferme immédiatement la boite aux bijoux.

Depuis trois jours le bûcher flambe, et le mort est en

cendres. Pendant toute la journée d'hier, on nous a apporté des fruits, du poisson, des poulets, des œufs. Le « louq » d'Angcor-Thôm nous a fait remettre d'excellentes oranges, que nous mangeons à belles dents, mon soldat et moi; les annamites préfèrent d'autres fruits. Maintenant que la solitude s'est un peu faite autour de nous, je vais reprendre mes travaux. Je ne ressens plus de ma chute qu'une légère douleur à la tête: la fièvre m'a quitté. Les bonzes, pour éviter un nouvel accident, ont fait construire de solides échafaudages. Ils sont vraiment aimables.

Dans la journée, nous tuons un petit porc, né à Siem-Réap, il y a environ cinq mois. C'est tout un événement! Il pèse une trentaine de kilogrammes et nous a coûté onze francs. Nous nous régalerons pendant deux jours avec la langue, la cervelle et les pieds. Le reste sera converti en saucisses, boudins et jambons fumés. C'est une véritable fête pour les hommes qui préparent tout cela sous la direction de To. — Le porc occupe chez les peuples de l'Extrême-Orient un rang beaucoup plus élevé que chez nous. Il loge dans la maison du maître, tandis que le chien reste à la porte. De petite taille, on le fait cuire et on le sert ici tout entier, entouré de fleurs. On le découpe en petits morceaux, que les convives plongent dans une sauce fortement épicée, avant de les porter à la bouche. Dans le pays de Siam et au Cambodge, les doigts remplacent les baguettes des Chinois.

Ce matin, j'ai fait un tour dans la forêt avec mon fusil pour tirer quelque gibier. J'aurais pu faire une chasse abondante, mais tout en marchant sous la voûte épaisse, je pensais à mille choses, et non aux oiseaux. Tout à coup un bruit étrange attira mon attention; je levai la tête et j'aperçus un immense cerf-volant qui chantait sur trois notes bien distinctes. La mélodie douce et mélancolique imitait assez fidèlement le son des grosses cloches entendues dans le lointain ou le sifflement du vent dans les cordages d'un navire. Je m'approchai et je vis un instrument aussi simple qu'ingénieux. Quelques lianes minces et larges sont fortement tendues sur des arcs : un cerf-volant emporte dans les airs cet instrument de musique, et le vent, qui souffle à travers les lianes, les fait vibrer fortement. Il me fallait une revanche ; à quatre heures de l'après-midi, le lendemain, une magnifique montgolfière gonflée d'air chaud, s'élevait majestueusement au grand ébahissement de l'assistance, convoquée à la fête au son d'un gong frappé à tour de bras.

Vers le soir, je me mets à travailler dans la galerie occidentale. La voûte disparaît sous des grappes de chauves-souris; une boue nauséabonde qui couvre le sol est chaque jour augmentée par les excréments des oiseaux. Ne pouvant rester plus longtemps dans un pareil lieu, je descends sur la plate-forme qui, de ce côté, est occupée par une section particulière de la bonzerie; j'y découvre un débris de muraille couvert d'admirables sculptures que je me dispose à emporter, lorsque deux bonzes s'y opposent brutalement. Ils ne me laissent même pas le temps de m'expliquer. L'un d'eux monte sur son char, attelé de bœufs à cornes dorées, et le fait avancer dans ma direction pour me forcer à reculer. Je fais alors un geste énergique, qu'il doit comprendre, car il change aussitôt de route. J'apprends bientôt que cet aimable homme remplit depuis quelques jours une fonction élevée dans la bonzerie et qu'il nous tient rancune de ce que nous ne lui avons fait ni visite ni cadeau.

CHAPITRE VII

Description des grandes ruines d'Angcor-Wat.

Encore un repos forcé : mes doigts brûlés par le ciment, refusent tout service. Je vais profiter de ce loisir pour visiter en détail la grande pagode où je travaille depuis tant de jours déjà, et que je ne connais pourtant que très imparfaitement.

Le temple d'Angcor-Wat résume, à lui seul, l'architecture des autres monuments de la contrée. Trois galeries rectangulaires, enveloppées l'une dans l'autre, s'élèvent graduellement jusqu'au sanctuaire qui domine l'ensemble. Le tout repose sur un soubassement situé au centre d'une plate-forme précédée d'un bassin que partage en deux une chaussée ; une galerie conduit à un second bassin qui touche à la forêt. Dans la direction de

Siem-Réap, à douze kilomètres environ de cette ville, on rencontre le perron en forme de croix latine, que nous avons signalé ! Les trois petits bras de cette croix se terminent par quelques marches ornées de lions ; le grand bras traverse le bassin extérieur et aboutit à la galerie qui forme l'enceinte et garnit toute une façade. Trois tours, précédées d'un triple vestibule, décoré d'énormes statues assez bien conservées, s'élèvent au centre. Aux extrémités, de grands portiques voûtés permettent aux chars et aux éléphants de pénétrer de plain-pied dans l'édifice. Entre ces passages et les vestibules, se dresse une série de piliers rectangulaires. Derrière, on remarque un mur plein, orné d'écussons, au milieu desquels est une danseuse. De chaque côté, une porte décorative, qui aurait pu servir de modèle aux plus riches panneaux du Louvre, ferme la galerie. On arrive au vestibule central par un perron orné de quatre colonnes qui ont demandé, sans doute, ainsi que les frontons qu'elles supportent, la vie de plusieurs artistes. Elles échappent, comme richesse ornementale, à toute description. La galerie se continue, sur les autres faces, par un mur bordé de corniches et percé de portes monumentales.

Si on franchit cette première enceinte, en passant par le grand vestibule, on se trouve sur une chaussée, faite de blocs de granit à peu près uniformes, qui traverse le second bassin et aboutit à la base du monument. Une balustrade, qui représente les anneaux d'un gigantesque serpent, supportée par de petits piliers, borde la chaussée et la plate-forme. De distance en distance, de larges escaliers descendent jusqu'au fond du bassin ; la balustrade se relève alors en forme d'éventail orné de sept têtes de dragons. Avant d'arriver à la plate-forme, en face des premiers escaliers, nous voyons, au milieu de l'eau, deux gracieux petits temples, dont les proportions, admirablement combinées, agrandissent la perspective et donnent un relief étonnant aux parties avancées du monument principal. Devant nous, un vaste escalier, décoré de lions, conduit à une terrasse disposée en forme de croix latine, dont les bras latéraux se terminent par des escaliers ; l'autre extrémité atteint à la première galerie du monument. La terrasse est entourée d'un parapet en saillie, supporté par une centaine de colonnes d'une rare élégance.

La pagode proprement dite repose sur un magnifique soubassement, haut de quarante mètres, le long duquel court une double rangée de piliers rectangulaires. Au centre et aux extrémités de chaque face de cette première galerie, s'ouvrent de splendides vestibules, précédés, eux aussi, de grands escaliers. Les façades, au Nord et au Sud, ont environ deux cents mètres de longueur ; les deux autres, deux cent soixante. Derrière le vestibule central, s'étend un vaisseau d'un aspect grandiose ; quatre rangs de piliers soutiennent la voûte qui est couverte de rosaces. Une seconde nef forme, avec la première, une croix grecque, entourée d'une galerie rectangulaire de même dimension. Au fond de la première nef, monte un sombre et mystérieux escalier ; la voûte qui le couvre est, à elle seule, une œuvre merveilleuse. Quatorze escaliers, dont onze sont à ciel ouvert, conduisent à l'étage supérieur.

La seconde galerie domine la première. La colonnade extérieure est remplacée par un mur percé de grandes baies, garnies de colonnettes élégantes. Aux angles et au centre de chaque face, s'ouvrent encore de grands vestibules, surmontés de tours pyramidales. Plus de cinq cents statues y sont logées. Nous trouvons au pied de l'une d'elles la peau d'un serpent, et, un peu plus loin, un serpent bien vivant, long de trois mètres, qui s'enroule tranquillement autour d'un vieux roi Kmer. On arrive aux vestibules de la troisième galerie par douze escaliers, à ciel ouvert, de soixante marches chacun, décorés de plus de cent lions. De là, l'œil embrasse la plus grande partie du monument. Les toitures des galeries sont faites d'une véritable dentelle de pierre. Les tours qui les surmontent, les sculptures qui en brisent les grandes lignes, concourent à faire un ensemble d'une remarquable harmonie.

La troisième galerie, semblable à la première, enveloppe la plate-forme supérieure qui supporte le sanctuaire. Là, tout devient mystique ; on se croirait dans un cloître. Un sentiment de recueillement s'empare du spectateur. Le sanctuaire est un temple carré, surmonté d'une tour majestueuse qui couronne tout l'édifice. Il se divise en quatre compartiments ; chacun d'eux renferme un groupe de trois personnages. L'un de ces personnages est couché aux pieds des deux autres : l'expression des physionomies est celle de la béatitude. Ces statues sont peintes en rouge et dorées dans quelques-unes de leurs parties. En face de ces groupes, se dressent deux rangées de colonnes qui forment une croix grecque et entourent la plate-forme en s'appuyant au dos de la troisième galerie ; au centre est le sanctuaire.

Si l'on voulait étudier chaque partie du monument, il faudrait y consacrer de longues journées. Les bas-reliefs de la première galerie s'étendent sur plus de deux mille mètres carrés, et chaque mètre carré renferme plus de trente figures d'hommes et d'animaux. Des piliers sont couverts, de la base au sommet, de sculptures dont les sujets ont à peine quelques millimètres. Toutes les ouvertures sont ornées de groupes de femmes étrangement coiffées. Les marches des escaliers sont de véritables œuvres d'art. Tout a été fouillé par le ciseau de l'artiste. Que dire, enfin, de ces toits de dentelle qui se continuent pendant des kilomètres, de ces vingt-cinq tours dont chaque pierre est sculptée ?

Cet incomparable édifice, non seulement est le fruit d'une conception grandiose, mais montre encore une véritable science de l'équilibre et de la perspective. On se demande comment tant de pierres non scellées ont pu se maintenir ainsi, pendant tant de siècles. Les assises du monument sont en pierre de Bien-Hoa ; le reste est construit avec un granit très fin, dont on ne trouve aucune trace dans la contrée. Si l'on songe qu'il y a soixante-dix monuments presque semblables dans les provinces d'Angcor, de Battembong et de Compong-Soaï, on est vraiment stupéfait d'un pareil entassement de matériaux. La mer peut-être, ou le Tenli-Sap, qui baignait sans doute, dans les siècles reculés, ces contrées, ont permis de transporter les pierres. A Angcor-Wat seulement, il a fallu des milliers d'hommes, travaillant pendant un siècle, pour extraire les matériaux, les mettre en place, les sculpter, creuser les bassins, construire les temples. Peut-être suis-je encore au-dessous de la vérité. L'ensemble du monument couvre plus d'un kilomètre carré.

CHAPITRE VIII

Fête de Bouddha. — Les maringouins. — Chasse aux poulets. — Les lunettes.

C'est aujourd'hui, 26 octobre, la fête du grand Bouddha. Dès le matin, la foule arrive; les têtes sont fraîchement rasées et les « langoutis », de couleur éclatante. On se groupe devant le campement; on allume de petits cierges, puis on se dirige vers une pagode en bambou, située derrière la bonzerie, au milieu du bassin. Comme il n'y a pas d'embarcations, nous nous demandons comment les fidèles pourront se rendre au saint lieu. Rien n'est plus facile: chacun relève son « langouti » et entre bravement dans l'eau. La pagode est toute illuminée; des chants y retentissent, qui n'ont rien de désagréable pour l'oreille. Un prédicateur nasillard monte en chaire et dit sans doute de bonnes choses, car on l'écoute religieusement. La cérémonie terminée, la foule revient de notre côté, toute joyeuse, et de la même façon qu'en allant.

L'humidité et les insectes ont détérioré plus de quarante panneaux en carton-pâte, pris sur les beaux bas-reliefs d'Angcor-Wat; c'est une perte dont nous nous consolerons difficilement.

Il y a quelques jours, je travaillais dans la galerie occidentale, habitée surtout par chauves-souris, et j'y fus piqué au bras gauche par des maringouins. Je n'attachai d'abord aucune importance à ce petit accident; mais, avant-hier, j'avais le bras couvert d'ulcères. Pour m'en débarrasser, j'ai lavé les plaies avec du savon noir et de l'acide phénique étendu d'eau. Mon bras est guéri maintenant.

Ta, envoyé aux provisions à Siem-Réap, revient sans vivres et sans argent; il nous raconte une histoire à laquelle je ne crois pas, et, comme je connais notre annamite, je lui fais administrer par son ami To, vingt coups de bâton. Après quoi, je reçois, selon l'habitude, les saluts du patient, qui avoue avoir joué au «bacoin», et se retire à moitié satisfait. Mais cela ne nous donne pas à manger. Il y a, autour du campement, un grand nombre de poulets à demi sauvages, protégés de Bouddha, et dont on ne peut, pour cette raison, verser le sang. Il s'agirait de les prendre sans les blesser. A cet effet, je plante en terre un bambou, long et flexible, au haut duquel j'attache une ficelle. J'incline le bambou et je le maintiens dans cette position par une cheville enfoncée dans la terre; avec le reste de la ficelle, je fais un large nœud coulant qui repose sur le sol, et j'attache l'extrémité à l'un des supports de notre case. Au milieu, je sème du riz et j'attends. Quelques minutes après, une vingtaine de poulets viennent picoter le grain et font céder la cheville en grattant la terre. Le bambou se redresse, et le nœud se resserre; un poulet est pris. Notre cuisinier se précipite sur le volatile et le plonge dans une marmite d'eau bouillante; il l'en retire pour le plumer. Il n'y a, ainsi, pas une goutte de sang répandue. Mes hommes, qui trouvent le jeu amusant, continuent; mais les bonzes aperçoivent le piège et tiennent aussitôt conseil. La décision nous est sans doute favorable, car ils se mettent à rire aux éclats chaque fois que le tour réussit.

Vers le soir, nous sommes occupés à emballer des moulages, quand une vieille femme, accompagnée de toute une suite, descend d'un palaquin et vient s'asseoir sans gêne à mes côtés. Je lui fais comprendre qu'elle s'approche un peu trop. Elle se lève et s'accroupit plus loin, en joignant les mains et en appuyant les coudes sur les genoux. Elle nous apprend alors qu'elle a acheté, d'un Chinois, il y a quarante ans au moins, une paire de lunettes, non pas parce qu'elle a de mauvais yeux, mais parce qu'elle trouve cet ornement fort distingué. Pendant longtemps, les lunettes ne l'ont pas trop gênée; mais, à présent, quand elle les porte, elle n'y voit plus. On me remet les bésicles et je constate qu'elles n'ont besoin que d'un bon nettoyage. En les frottant, je fais tomber les verres; sans perdre contenance, je replace la monture sur le nez de la bonne vieille, qui s'en va, ravie d'y voir aussi bien qu'avec ses seuls yeux.

CHAPITRE IX

Départ d'Angcor-Wat. — Le tigre royal. — Arrêt à Siem-Réap. — Départ pour Préacan.

Le 30 octobre, au matin, nous quittons Angcor-Wat, tous bien portants, après trente-six jours de travail. Notre moisson est vraiment considérable, surtout si l'on songe que nous n'avions ni outils, ni matériaux, ni argent, et que l'intempérie de la saison a causé la perte d'une bonne partie de notre œuvre. Les huit chars demandés à Siem-Réap, pour transporter les bagages, sont arrivés pendant la nuit, et le chargement a commencé dès le point du jour. Les bonzes, nos voisins, paraissent inquiets; ils n'étaient pas présents à la fermeture des colis et redoutent la disparition de quelque idole. Néanmoins, ils nous témoignent leurs regrets et espèrent nous revoir bientôt.

L'heure du départ arrive, les chars s'ébranlent et commencent leur criarde chanson. A peine avons-nous atteint la première enceinte, que l'un d'eux a déjà besoin de réparations. L'arrêt n'est que d'une demi-heure ; ne nous en plaignons pas trop. Quelques kilomètres plus loin, nous sommes enveloppés par une nuée de paons qui traversent la route et s'éparpillent en tous sens. Les conducteurs sont effrayés ; les annamites saisissent leurs armes et To me crie : « Con-cop » ou tigre royal. Mauvaise rencontre ! Cependant le convoi fait assez de bruit pour effrayer le redoutable animal. Dans tous les cas, nous gardons le doigt sur la détente et continuons notre route. Bientôt un autre char se disloque ; les caisses glissent sur l'arrière-train des buffles, et ceux-ci, affolés, se précipitent sur le char qui les précède et le culbutent. A ce moment, il se produit une véritable panique, et les hommes se dispersent dans le bois, malgré mes énergiques protestations. Le tigre a, sans doute, pris une autre direction ; mais une bonne partie des moulages doit-être en morceaux. Après tous ces malheurs, nous arrivons à Siem-Réap.

Pendant qu'on décharge les bagages au bord de la rivière, j'observe deux Chinois qui se démènent comme des diables sous une tente établie près du « sala ». Ces messieurs, entourés d'une centaine de femmes, inscri-

« Cau-Cop » ou tigre royal.

vent des commandes sur un livre à souche, en reçoivent

le prix et délivrent, non pas les marchandises, mais un simple bon. Ils partiront demain pour le Céleste Empire, emportant l'argent et les commandes, et ne reviendront avec les marchandises que l'année prochaine. Voilà des commerçants que le crédit ne ruine pas et qui savent inspirer une singulière confiance. Disons, à leur avantage, qu'ils procèdent ainsi depuis des siècles et que leur clientèle n'a jamais eu à se plaindre.

Nous devons aller jusqu'aux ruines de Préacan, dans la province cambodgienne de Compong-Soaï, pour y continuer nos travaux. Il nous faut, pour cela, des guides et des embarcations. Le « louq » Ballat nous informe qu'un messager est parti depuis quelques jours pour préparer des relais; il met six rameurs à notre disposition. Nous allons visiter ensemble le bateau qu'il nous destine. Il me paraît beaucoup trop petit pour contenir onze hommes et tout le matériel. On mesure, on discute, mais je tiens bon, et l'on finit par nous donner une seconde embarcation et deux nouveaux rameurs. A onze heures du matin, tout est paré; nous levons l'ancre, et nous nous abandonnons au courant de la gracieuse rivière d'Angcor.

A Compong-Tien, toute la famille du chef de

corvée se met à l'eau pour nous serrer la main et remplir nos embarcations de fruits. Il nous faut ensuite traverser la maudite forêt de joncs. Quelques-uns de mes hommes aident aux rameurs à se tirer de ce mauvais pas. Nous apercevons à droite le Tenli-Sap, et nous nous engageons dans la forêt encore inondée. Bientôt la nuit arrive, et le ciel disparaît sous la voûte épaisse des bois ; les oiseaux, déjà couchés, s'enfuient, épouvantés par la lueur des torches qui éclairent notre route.

A dix heures du soir, nous nous égarons. J'envoie à la découverte le plus petit des bateaux. L'endroit où nous sommes est garni de branchages inextricables sur lesquels rampent de nombreux serpents. Au-dessus de nous sont suspendues des guirlandes de roussettes qui gardent une immobilité absolue. L'embarcation revient sans avoir trouvé le passage cherché. Nous nous décidons à gagner le Tenli-Sap ; la route sera plus longue, mais plus sûre.

Au moment où nous atteignons le lac, la lune se montre et inonde l'immense nappe d'eau de sa lumière argentée. L'air est presque frais ; tout annonce une bonne nuit. Après avoir vu tout le monde à son poste, je m'étends sur l'arrière du bateau et je m'endors.

CHAPITRE X

Relais à Compong-Clouque; à Compong-Tian; à [illegible]. — [illegible] d'un singe.

Vers deux heures du matin, un choc me réveille ; nous arrivons au premier relai, à Compong-Clouque, village qui émerge de l'eau au milieu des bois. Pendant six mois de l'année, les habitants se visitent à la nage. Nous prenons de nouveaux rameurs; les premiers attendront ici le retour des embarcations pour les ramener à Siem-Réap.

Nous mouillons, le lendemain, à Compong-Tian à la limite du royaume de Siam. Cette ville renferme environ quinze mille habitants. La population, sujette du roi de Siam depuis la conquête de 1810, est cambodgienne, comme celle des provinces d'Angcor et de Battembang, conquises à la même époque. Compong-Tian rappelle un peu Compong-Louong. Le tissage de la soie est la principale industrie, les métiers encombrent les rues. Nous rendons visite au grand bonze, qui paraît charmé de cette attention et s'empresse de mettre à notre disposition sa case et le copieux repas que les fidèles viennent de lui apporter. C'est, paraît-il, son ordinaire; le saint homme ne mourra pas d'inanition! Je compte, sur une belle natte, douze plateaux de cuivre, brillants comme de l'or, remplis de mets succulents, auxquels pourtant je ne toucherai pas. On ne voit ici ni couverts, ni baguettes : on se sert simplement de ses doigts. On les plonge, il est vrai, après chaque bouchée, dans une coupe remplie d'eau. Nos annamites avalent tout ce qu'on leur sert, sans même prendre le temps de se laver. J'abrège le plus possible cette visite, et nous repartons bientôt en pleine forêt.

Nous rencontrons une jolie petite jonque montée par toute une famille. Le père, la mère et les enfants sont à peu près nus. Comme nous faisons la même route, je les engage à nous suivre pour profiter du remous de nos embarcations. Les trois gamins, qui montent sur notre bateau, font de la gymnastique et dévorent nos fruits.

Le voyage est maintenant un peu plus gai ; l'eau devient plus claire ; les singes, qui peuplent la forêt, sont très amusants. Nous avons dit plus haut que les rameurs cambodgiens ou siamois ont l'habitude, quand ils ont trop chaud, de laisser leurs rames et de plonger ; les nôtres ne s'en privent pas et reviennent presque toujours avec un poisson entre les dents.

A deux heures de l'après-midi, nous débouchons sur une immense nappe d'eau qui doit disparaître à la fin de l'hivernage. Le paysage qui s'étend devant nous est tellement à découvert que je crois reconnaître, au sud, le morne de Méléa. Si l'on nous a bien renseignés, nous devons presque tourner le dos à Préacan, au lieu de nous y rendre. La raison de cet écart est notre arrêt forcé à Triaeringue. Le gouverneur, qui réside dans cette ville et qui est, paraît-il, un vrai tyran, exige en effet qu'on passe chez lui, sans doute pour payer quelque dîme. Il nous faut deux heures d'une marche rapide pour arriver à un « aroyo » couvert où nous rencontrons de sérieux obstacles. L'eau est peu profonde et le courant, qui commence à se renverser, est contre nous. Bientôt même nous ne pouvons plus nous servir des rames, il faut se mettre à l'eau pour alléger les bateaux et les pousser. Nous avançons à grand peine, en nous accrochant aux branchages qui cassent, et en nous meurtrissant aux cailloux qui roulent sous nos pieds. Après trois heures d'efforts, nous sommes tous épuisés. Je fais amarrer les embarcations, et nous nous arrêtons un peu. Enfin, après un nouveau et pénible travail, nous atteignons des eaux moins rapides ; le passage s'élargit et permet de ramer.

Nous naviguons sur un nouvel « aroyo », large, profond et très bien orienté pour notre route : il va de l'est à l'ouest. Le soleil couchant nous envoie, presque horizontalement, des rayons qu'il ne serait pas prudent de de braver. Nous nous arrêtons à l'abri d'une épaisse touffe de bambous, dominée par un superbe bananier, et nous réparons nos forces. Le dîner se compose, ce jour-là, de riz, de poissons en brochettes pêchés à la main, de fruits et de thé. On y ajoute pour le « louq-mi-top » deux œufs sur le plat et un demi-verre de vin. Je mange tranquillement mes œufs, assis à l'arrière du bateau, quand tout à coup, quelque chose d'indéfinissable tombe dans mon plat. Je lève les yeux et je vois un horrible singe, qui se met à secouer de toutes ses forces la petite branche qui le porte, en me faisant d'affreuses grimaces. Mon repas est perdu! Je dis à To de me passer un fusil. Je fais feu : je casse la branche et le singe tombe à l'eau. Mes hommes s'y jettent aussi, attrapent l'animal et l'attachent à mes côtés. Je me donne alors le plaisir de lui barbouiller le nez avec mes œufs... et ce qu'il y a ajouté.

Nous voilà un nouveau compagnon ; son museau noir est encadré de favoris blancs, et sa queue a une longueur démesurée. Il appartient, sans doute, à une espèce connue; mais, pour ma part, je n'en avais jamais vu de pareil. To le coiffe d'un salako et constate qu'il ressemble étonnamment à son ami Ta, malgré ses favoris.

Le soleil est couché; nous reprenons notre route. Le temps est délicieux; le ciel, d'un bleu foncé, se pare de toutes ses étoiles ; seul, le bruit cadencé des rames trouble le silence. J'observe mes compagnons : ils sont calmes mais leurs traits restent sans expression. Ce tableau, plein de poésie, ne leur dit rien : ils digèrent. De temps en temps, pour me distraire, je prends une rame et j'essaie d'accélérer la marche.

CHAPITRE XI

Séjour à Triacringue : réception du gouverneur. — En route pour Stang. — Pêche à la main. — Il n'y a plus d'eau !

A onze heures du soir, nous arrivons à Triacringue et nous mouillons devant la demeure du terrible gouverneur. Tout le monde dort ici; dormons aussi. Vaine illusion ! A peine sommes-nous couchés, que de tous les côtés s'approchent des indigènes portant des torches et jouant du tam-tam. Pourquoi donc tout ce tapage? Un lieutenant du gouverneur vient nous avertir que son maître nous attend chez lui. Bon gré mal gré, nous devons accepter l'invitation. J'emporte mon revolver et je donne des instructions à mon soldat.

L'habitation du gouverneur est près de la rivière. Ce haut personnage se présente entouré de sa famille et de quelques notables accroupis, dans la posture la plus humble. On me questionne beaucoup; mais je ne puis guère répondre que par gestes. On sait cependant ici que les bonzes et les grands seigneurs d'Angcor nous tenaient en haute estime ; aussi, le gouverneur, un jeune et vigoureux gaillard, nous fait-il mettre à table malgré l'heure avancée (il est une heure du matin). Après tout, la cuisine n'est pas mauvaise, et si l'on se souvient de la mésaventure qui avait réduit mon dîner, on comprendra que j'y fasse honneur. J'envoie chercher une bouteille de tafia qui déride tout à fait notre hôte. Pendant le repas, une affreuse musique ne cesse pas de nous écorcher les oreilles. Quand le moment est venu de nous retirer, on ouvre une porte qui donne sur une terrasse, et l'on me montre un matelas articulé, placé là à mon intention. Comme je puis, de cette terrasse, communiquer avec les hommes et surveiller les bateaux, je ne fais aucune difficulté pour accepter l'hospitalité qui m'est offerte. Je m'installe donc sur le matelas; deux jeunes garçons viennent s'accroupir de chaque côté et agitent lentement au-dessus de ma tête, de grands éventails en plumes de marabout. Peut-être ont-ils mission de me garder à vue.

Aux premières clartés du jour, je m'éveille ; les deux

Les deux garçons agitent toujours leurs éventails.

garçons agitent toujours leurs éventails en cadence. J'ai

la conviction que le gouverneur se défie de nous. Toute sa famille assiste à mon lever; lui-même apporte de l'eau dans une carafe qu'il tient probablement à me montrer. Comment reconnaître tant de soins? Les pèlerins d'Angcor ont épuisé mes richesses. Je dois donner une triste idée de la politesse d'un « louq-mi-top » français. To, qui est un garçon intelligent, devine mes préoccupations; il me rappelle qu'une de nos caisses contient encore une boule en verre bleu, du papier, des crayons et un paquet de petits miroirs. Les annamites doivent-être pour quelque chose dans cette réserve inattendue; ils avaient sans doute quelque vue intéressée.

L'effet de la boule, grossissant ou diminuant les objets qu'elle reflète, cause une véritable surprise. Je l'offre à la fillette du gouverneur. Ses frères reçoivent des crayons et du papier blanc. Voilà bien des heureux! Nous nous séparons les meilleurs amis du monde. Je regagne les embarcations où je trouve des cages pleines de poulets et de canards, un grand sac de riz et une bonne provision de fruits. C'est un cadeau de notre hôte qui ne pouvait guère être mieux inspiré. On nous assure que la réception si cordiale du « louq » de Triacringue, sera bientôt connue sur toute notre route et que nous serons traités, désormais, avec plus de respect encore par tout le monde.

La famille, qui nous accompagnait depuis Compong-Tian, nous a quittés pour prendre une autre direction. A huit heures du matin, nous levons l'ancre pour faire route vers Stung, notre prochain relai. « L'aroyo », que nous remontions hier, et que nous devons redescendre pendant quelque temps, ne sert pas, comme l'indiquent quelques cartes, de limite entre le Siam et le Cambodge; on a confondu sans doute avec l' « aroyo » de Compong-Tzan qui est parallèle et forme, en effet, la frontière des deux pays. La ville de Triacringue, bien que située sur les deux rives de l' « aroyo », appartient tout entière au Cambodge.

A peine a-t-on donné quelques coups d'aviron, que nous sommes entourés d'une bande de jeunes chinoises qui se baignent et pêchent à la ligne. Elles sont d'un petit village, voisin de Triacringue, fondé par quelques mauvais sujets du Céleste Empire. Ils exploitent, comme les juifs en Europe, le peuple qui leur donne l'hospitalité.

Nous quittons le grand « aroyo » pour en prendre un autre, à gauche, beaucoup plus étroit; nous rentrons, une fois encore, en pleine forêt. Je commence à m'inquiéter ; les embarcations rencontrent, à tout instant, des obstacles qui nous obligent à nous mettre à l'eau. Enfin, vers dix heures du matin, nous atteignons une nouvelle nappe d'eau dont on n'aperçoit pas la rive opposée. Personne ne peut en dire le nom ; elle doit disparaître, en grande partie, à la saison sèche. La profondeur de l'eau varie d'un mètre cinquante à trois mètres. Nous avons le cap à l'est et les rameurs sont sûrs de leur route.

Pendant deux heures, nous voguons sur le lac sans en voir la fin. Comme le soleil est très ardent et que nos forces sont à bout, je fais suspendre la marche et orienter les embarcations de façon à avoir un peu d'ombrage. Pendant qu'on prépare le thé, une discussion s'engage je ne sais à quel propos, entre les annamites et les cambodgiens. Je suis obligé d'employer l'éloquence du bambou pour obtenir la paix. Pour faire diversion, j'invite les disputeurs à s'exercer à la pêche à la main et je promets une récompense au plus adroit. Les annamites se tiennent admirablement sur l'eau, mais les cambodgiens plongent mieux ; c'est un de ces derniers qui gagne une bonne provision de tabac. Après la lutte, viennent les réjouissances ; c'est à qui fera les plus étranges cabrioles. Tout à coup, on pense au singe et l'on veut qu'il se baigne aussi. Mais il se dérobe en faisant des bonds effroyables et des grimaces horribles. Ne sachant où se refugier pour échapper à ses persécuteurs, il se précipite dans mes bras.

Il nous faut encore deux grandes heures pour sortir du lac ; il a, en cet endroit, seize kilomètres de largeur. Encore la forêt ! Elle est donc infinie ! L'eau devient moins profonde ; les rameurs nous font comprendre qu'elle se retire déjà depuis quelques jours et que nous arrivons trop tard. Ils nous assurent cependant qu'une rivière se trouve à une faible distance, et que, si nous l'atteignons, nos peines seront finies ; mais il ne croient pas pouvoir y arriver avant l'hivernage prochain et nous conseillent de revenir au plus vite sur nos pas. Allons toujours de l'avant ; nous verrons bien ! Tout à coup l'eau manque : nous échouons... Tonnerre de Bouddha ! Examinons cependant les lieux. Entre la rivière et l'endroit où nous sommes, il y a cent quarante-sept pas ; il s'agit de les franchir. Je fais immédiatement mettre à terre la cargaison. A l'aide de lianes et de branches d'arbres, on parvient à soulever l'avant de la première embarcation, sous laquelle on passe des rouleaux de bois;

Il n'y a plus d'eau

nous poussons la barque tous ensemble, et, deux heures

après, elle flotte sur six mètres d'eau. Nous répétons la même opération pour la seconde, avec le même succès. Il nous faut ensuite porter à bras les lourdes caisses de moulages, je ne dirai pas au prix de quels efforts et de quelles fatigues; mais je me souviendrai qu'il est parfois peu gai d'être en mission.

CHAPITRE XII

Stung de Stung. — Réflexions de To. — Nouvelle jonque. — Le mandarin de Stung. — Tir au fusil.

On appelle « stung » dans la contrée toutes les rivières, et pour les distinguer entre elles, on ajoute le nom de la principale localité qu'elles arrosent. Notre prochain relai s'appelle également Stung ; c'est donc sur le « stung » de Stung que nous naviguons. C'est un magnifique cours d'eau, large de quarante mètres et profond de cinq en moyenne. Il se déroule gracieusement dans un cadre de verdure. Ses rives sont couvertes de bois et de fleurs. Souvent les arbres se rejoignent au-dessus de nos têtes et forment une voûte assez épaisse pour nous cacher le soleil et répandre sur notre route une fraîcheur délicieuse. Les singes sautent de branche en branche dans cet inextricable fourré et paraissent nous suivre. Le nôtre est dans une agitation extrême : ses yeux expressifs vont de ses congénères à nous et semblent nous demander la liberté. Mais l'outrage n'est pas suffisamment expié. Après avoir fait raconter à To tout ce qu'il sait des mœurs de ceux qu'on nous donne pour ancêtres, je lui demande si, d'après lui, la barbe est un signe de supériorité. Sa réponse étant affirmative, j'en déduis que notre singe, qui a des favoris, doit-être supérieur aux annamites qui n'en ont jamais. Le gaillard se met à rire, et réplique : « Alors plus on a de barbe, « plus on se rapproche du.... » — « Assez To, j'ai « compris. Si, à défaut de la barbe, tu as la malice du « singe, n'en n'abuse pas. » Et les joyeux propos continuent à s'échanger d'une embarcation à l'autre.

To signale bientôt un convoi chinois qui vient vers nous. « Il y a toujours cognac avec Chinois, me dit-il, « et nous beaucoup fatigués. » Nous nous mettons en rapport avec le chef du convoi ; ses jonques, au nombre de cinq, sont chargées de riz, de soie grège et de coton. Il se montre très aimable et nous cède à bas prix, un quartier de porc tout cuit, du thé et de l'eau-de-vie de riz (le cognac de To !). Il va, nous apprend-il, gagner le

Tonli-sap, en descendant le « stung » qui y conduit, puis Phnom-Penh, et enfin la mer et la Chine. Sa marche est réglée de façon à profiter des courants formés par le retrait des eaux et par les vents de la mousson. Que Bouddha lui soit propice !

Les acquisitions que nous venons de faire me permettent de donner un petit extra à l'équipage. J'autorise l'eau-de-vie mélangée au thé, en quantité raisonnable. La nuit nous apporte une fraîcheur que je n'ai pas encore ressentie depuis l'Europe : j'éprouve un véritable bien-être. Vers minuit, nous atteignons le bourg de Stung, où nous mouillons sans bruit. Quelques chiens viennent rôder dans le voisinage, mais personne ne se montre. Nous pensons alors à dormir.

Au point du jour, je vais rendre visite au seigneur du pays, un beau vieillard, doux, intelligent, qui se met avec la plus grande courtoisie, à notre disposition. C'est ici le dernier relai de nos embarcations ; elles partiront demain pour Siem-Réap, en modifiant l'itinéraire que nous avons suivi. Le chef de la dernière équipe emporte des lettres de remercîments pour les autorités de chaque relai et reçoit une petite gratification pour ses hommes.

La voie large et profonde, que nous suivons pour retourner à Phnom-Penh, nous permet de fréter une jonque assez grande pour résister aux colères du Tenli-sap, et porter tous les bagages. Le mandarin veut bien nous guider dans cette affaire. Montés sur un canot, nous passons en revue une véritable flotte qui ne nous laisse que l'embarras du choix. Nous nous décidons pour une jolie embarcation appartenant à un jeune Chinois, qui y habite avec sa femme. Cette jonque paraît bien taillée pour la marche ; elle est surmontée d'un vaste « rouffle » qui offre un abri sérieux contre le soleil et le mauvais temps. Le marché conclu, le Chinois reçoit un bon pour se faire payer au protectorat français à Phnom-Penh. Il lui sera facile de trouver, au même lieu, un chargement pour le retour.

Vers trois heures de l'après-midi, la jonque est amarrée à notre station. On en modifie la disposition intérieure et on y verse de l'eau bouillante pour détruire les fourmis. A ce moment, un jeune caïman, qui était logé dans la cale et dont la présence à bord doit, paraît-il, protéger l'embarcation, montre sa tête par une ouverture. Nous ne comptions pas sur un pareil compagnon de voyage. Le patron prend à sa solde nos trois annamites pour avoir deux équipes de rameurs, ce qui nous permettra de marcher jour et nuit. Le courant, d'ailleurs, nous sera favorable. Je confie la garde de la jonque à mon soldat et à l'annamite Tan. Le bon mandarin me promet de leur prêter au besoin son appui et de pourvoir à leur subsistance. Toutes choses ainsi réglées et l'arrimage des caisses terminé, je me mets, jusqu'au lendemain matin, à la disposition de mon hôte.

C'est un excellent homme ; il demande, comme une grande faveur, de tirer avec l'un de nos fusils. Je lui montre comment il faut s'y prendre et je choisis un but à sept ou huit cents mètres, ce qui l'étonne beaucoup. C'est une case abandonnée, au bord de la rivière, sur laquelle je fais placer des nattes avec un gros point noir au milieu. Je tire rapidement six balles, et nous allons constater le résultat. La rapidité du tir cause déjà une certaine surprise; mais, quand on voit les nattes trouées, l'étonnement est à son comble. Le meilleur fusil de la contrée ne porte pas à cent mètres. Je passe l'arme au mandarin qui tire à son tour et se montre assez adroit. Nous nous occupons ensuite d'organiser un convoi pour aller aux ruines de Préacan, qui sont à plusieurs journées de marche de l'autre côté de la rivière. Tout sera prêt demain à la première heure. Un coureur part ce soir pour organiser les relais. Maintenant à table!

Le vieux mandarin a oublié ses goûts pour faire préparer une cuisine plus conforme aux nôtres; il a consulté pour cela notre cuisinier, à notre insu. Il nous donne, pendant le repas, des renseignements sur la route que nous devons suivre. Il faut aller toujours vers le nord. Malheureusement, depuis la saison des pluies, il n'y a plus trace de sentiers. La végétation a tout envahi. Les «salas» seuls servent de points de repère. Comme ils sont à proximité des cabanes des indigènes, nous y trouverons des provisions et des relais.

CHAPITRE XIII

La forêt de Compong-Soai. — Les Kouys. — Arbres géants. — To se révolte.

Aujourd'hui, 7 novembre, à six heures du matin, nous prenons congé du madarin de Stung, et je traverse la rivière avec To et Ta. Ces deux messieurs, qui ne sont pas amis depuis certaine correction infligée à l'un par l'autre, se surveilleront au besoin mutuellement. Le convoi nous attend sur l'autre rive ; il se compose de trois véhicules plus solides que ceux qu'on nous a fournis à Siem-Réap ; mais en revanche ils sont moins commodes. Celui qui m'est destiné est construit de telle sorte que le voyageur doit y rester couché ; c'est ce qu'on appelle un char de luxe. Je le donne aux annamites pour en prendre un autre sur lequel on puisse au moins s'asseoir. Le troisième porte les bagages.

Après avoir traversé une plaine large d'une lieue, coupée par des bouquets de bambous, nous pénétrons dans la grande forêt de Compong-Soaï. Dès les premiers pas qu'on y fait, on est saisi d'une émotion profonde. Les arbres atteignent des proportions colossales, et leurs branches entrelacées forment de gigantesques voûtes de feuillage. On regarde, on songe et on se tait. L'éléphant sauvage y laisse partout la trace de son passage. On rencontre, çà et là, ses grands os blanchis. Il est, depuis des siècles, le royal habitant de cette immense solitude.

A quatre heures, nous arrivons au premier « sala » et nous sommes entourés aussitôt d'indigènes qui nous offrent leurs services. En un instant, les buffles sont dételés et vont se rouler dans des trous pleins de boue, creusés à leur intention. Les chars sont remisés. On me conduit à la partie supérieure du « sala » où l'on a placé des nattes très propres, des coussins bourrés de coton et, ce qui vaut mieux encore, des œufs, des poulets et des cocos frais. C'est une charmante attention du « louq » de Stung. Tout cela se fait sans qu'un mot soit échangé.

Quelle délicieuse nuit! quelle fraîcheur et quel silence! Un gamin agite près de moi un large éventail en feuilles de palmiers, pour chasser les insectes, et m'envoie par tout le corps des bouffées d'air frais. Tout autour du «sala» des feux brûlent pour chasser les fauves et répandent des parfums résineux.

Au point du jour, nous nous éloignons, laissant ici nos premiers conducteurs, qui sont remplacés par des hommes vêtus d'une simple liane qui tient, suspendu sur leur nombril, un petit morceau de fer. Ce sont des Kouys, des sauvages, qu'on appelle Moyes en Cochinchine. Ils habitent les contrées situées à l'Ouest du royaume d'Annam et du Tonkin et au nord du Cambodge dont ils sont en partie tributaires. Le Siam aurait aussi, paraît-il, quelque autorité sur eux. Ils sont bien faits, de taille moyenne, et très doux ; leur physionomie n'est pas intelligente. Ils ont constamment à la main un large coutelas, qui est leur unique outil. On nous montre des feuilles d'arbres dont ils ont fait de véritables dentelles avec ce grossier instrument. Je n'ai rien vu sur les bas-reliefs d'Angcor qui puisse rappeler le type de ces sauvages.

La partie de la forêt que nous traversons maintenant, paraît encore plus majestueuse que celle que nous voyions hier. Je descends du char pour marcher un peu sous les arbres géants. L'un d'eux surtout, d'une hauteur et d'une grosseur surprenantes, attire notre attention. Nous le mesurons : il a dix-sept mètres de circonférence. Deux autres arbres, énormes aussi, d'une essence différente, s'enroulent comme des serpents gigantesques autour de ce tronc et mêlent leurs branches aux siennes. Quelle splendide trinité végétale ! Mais la route devient de plus en plus difficile ; il faudrait avoir les cornes du buffle ou la trompe de l'éléphant pour se frayer un passage à travers le fourré ! Il faut remonter sur les chars.

Nous nous égarons souvent, et les conducteurs abandonnent les chars pendant des heures entières pour aller à la découverte d'un passage. Je remarque qu'ils se guident d'après des excavations profondes, creusées par le feu dans certains troncs d'arbres, et assez grandes pour abriter une famille entière. A midi, nous arrivons au second « sala »; on nous y reçoit comme au premier. La chaleur est accablante; je vais me réfugier à l'ombre sans m'inquiéter du repas qu'on nous a préparé. To s'approche avec précaution et vient me dire que son camarade Ta se fait, en ce moment, passer aux yeux des indigènes pour le « louq-mi-top » et qu'il les rançonne.

Ce manège a commencé, m'apprend-il, pendant notre dernier trajet, alors que Ta occupait le char de luxe et que je marchais à pied. Ta a conservé, malgré la chaleur sa veste de « mata », assez chamarrée d'ailleurs pour en imposer à ceux qui ne le connaissent pas ! Il sait assez bien le cambodgien pour nous servir d'interprète et peut facilement en abuser. Je le trouve étendu sur une natte, devant une nombreuse assistance qui l'écoute avec respect : — « To » dis-je d'une voix calme, « donne vingt-cinq coups de baton à ton ami » — « Oui, « mais lui beaucoup méchant ; pourquoi n'a pas ici man- « darin pour mettre lui en prison ! » — « Si tu as peur, « mon garçon, tu vas voir : Ta, viens ici ». Mais Ta ne bouge pas. Je l'appelle une seconde fois : même résultat. Le gredin dirige ses regards vers l'angle du « sala » où sont les fusils. D'un bond je me place entre lui et les armes ; je le saisis par les cheveux et le couche à mes pieds. Alors To n'hésite plus à lui administrer la correction ordonnée. Ta, bien convaincu maintenant, ainsi que tous les témoins de la scène, qu'il n'est pas le « louq-mi-top », s'incline et va dans un coin raccommoder sa culotte ; le temps réparera le reste. J'ai soin de lui retirer ses cartouches. Ce petit événement a troublé ma journée ; j'abandonne mon repas aux indigènes et je m'éloigne avec plaisir de cette station.

A deux heures, nous reprenons notre route. Nous rencontrons le squelette d'un éléphant. Cet amas d'os, blancs comme la neige, nous fait une certaine impression. A la tombée de la nuit, on signale un nouveau « sala » ; c'est heureux, car j'ai grand appétit. Les indigènes viennent au-devant de nous. La scène du matin leur a déjà été racontée, et ils ont garde de me confondre avec mon « mata » qui a, d'ailleurs, quitté son uniforme. Parmi toutes les bonnes choses qu'on nous sert, je remarque un énorme fruit que l'on a fait cuire après l'avoir coupé en quatre morceaux. Il a la forme d'une grosse mangue et le goût de la pomme de terre. Si j'en juge par la solennité avec laquelle on nous l'offre, il doit-être rare et fort apprécié dans le pays. Je ne puis savoir son nom.

CHAPITRE XIV

Passage d'une rivière. — Préxean; la pagode; grand dîner; préparatifs de départ.

La nuit que nous venons de passer n'a pas été moins agréable que la précédente. Ta, lui-même, a dormi profondément auprès de son ami To, qui, pour éviter toute surprise, s'était lié à son compagnon avec son mouchoir de tête. Nous partons comme le jour paraît. Le chemin est très mauvais ; je suis horriblement fatigué. A huit heures, une large éclaircie s'ouvre devant nous ; mais notre route est malheureusement coupée par une rivière. Du côté où nous sommes, la rive, élevée d'une vingtaine de mètres au-dessus de l'eau, est presque à pic. Je cherche un moyen de nous tirer d'embarras, quand une troupe de sauvages, qui, jusque-là, était restée cachée, vient à nous, et, sans mot dire, s'empare du premier char, dételle les buffles, et s'engage avec le véhicule, sur la pente du terrain, en décrivant un long lacet. Je n'ai jamais vu manœuvre plus hardie et plus rapide ; c'est vertigineux ! Arrivés au niveau de l'eau, les hommes reprennent haleine, traversent la rivière, tenant le char à bout de bras, et vont le déposer sur l'autre rive ; ils font de même pour les autres chars. Je descends à mon tour ; mais les sauvages ont déjà disparu. Tout cela tient du merveilleux ! Qu'en aurait pensé le brave chevalier de la Manche ? En tous les cas, celui qui commande dans ces forêts peut se vanter d'être admirablement obéi.

La rive droite, sur laquelle nous sommes, est plus élevée ; le sol est détrempé et les chars enfoncent jusqu'à l'essieu. Nous allons à pied ; mais les annamites n'avancent qu'avec répugnance : ils ont peur du tigre qui fréquente, en effet, ces parages. Je prends un fusil et, accompagné de l'un des conducteurs, je marche en avant du convoi. Nous rencontrons deux grands échassiers, à tête pelée, qui se reposent sur une seule patte ; ils daignent nous accorder un regard, sans quitter pour cela leur attitude pleine d'indifférence. Voici maintenant de grands pins, des bananiers et, plus loin, les huttes du village de Préacan.

A notre arrivée, les habitants nous offrent un petit abri, le meilleur de l'endroit, disent-ils. Nous organisons notre campement, et je m'apprête à dormir. Tout à coup, je sens une vive douleur au bras gauche. Je porte la main à l'endroit douloureux et j'écrase un petit scorpion gris, j'en découvre bientôt une grande quantité autour de moi. Mon bras enfle déjà et j'ai quelque appréhension. On m'assure que les piqûres de ces insectes ne sont pas dangereuses; par précaution, je brûle la plaie et je retourne aux chars.

Toute la nuit j'ai eu la fièvre; je veux cependant aller à la grande pagode dès ce matin. Après un premier repas, nous prenons des outils et des matériaux pour nous rendre aux ruines, en compagnie de quelques indigènes, mais quel affreux chemin! A chaque minute, nous tombons dans des ornières boueuses, et ce n'est qu'après deux heures de marche que nous découvrons la pagode. Cet édifice est bien l'œuvre de ceux qui ont construit les merveilles d'Angcor; seulement les détails en sont moins riches. Je cherche les bas-reliefs qui m'ont été signalés par M. Delaporte, sans arriver à les découvrir. Serait-ce donc pour ne rien trouver que j'aurais fait un pareil voyage? Je me résigne à prendre des empreintes de chapiteaux, d'encadrements de portes. Nous regagnons, le soir, notre campement, rompus de fatigue. Nous avons soin de prendre une autre route, plus longue mais plus praticable.

A notre retour, nous voyons briller de grands feux de pin, allumés pour chasser les insectes. Les habitants ont apporté toute une provison de poulets, d'œufs et de fruits. J'invite une dizaine d'entre eux à partager notre repas. Les femmes et les enfants s'accroupissent autour de nous. Presque toutes nos réserves y passent, y compris le thé et l'eau-de-vie; aussi la gaité est-elle à son comble. Je distribue ce qui me reste de miroirs au jeunes filles. Je remarque au cou de l'une d'elles à la place du morceau de fer traditionnel, un gros sou à l'effigie de Louis XVI, rendu par le frottement, brillant comme de l'or. On ne peut m'en expliquer la provenance; son histoire serait peut-être intéressante. A peine ai-je fini la distribution que tout le monde se lève pour voir et toucher les petits miroirs. On pousse des cris de plaisir et de surprise en y voyant son image. Heureux ceux qui ont la joie si facile!

Nos véhicules ont été conduits, ce matin, sans accident, jusqu'aux ruines. Nous emportons avec les moulages une énorme pierre, découpée à jour, au centre de laquelle une belle danseuse se tient dans une pose excentrique. Le sujet et le cadre ne manquent pas d'originalité. Je vois aussi sur la muraille extérieure, une plaque de plâtre portant une date et le nom du docteur Julien ; elle recouvre quelques jolis motifs. Je la détache, au risque de détruire le souvenir du passage dans ces contrées de l'excellent docteur. Vers le soir, nous emballons pierres et empreintes, et nous disons adieu aux grandes ruines de Préacan.

Dès le lendemain, nous songeons au retour. On charge avec soin les voitures, on nettoie le linge et les vêtements, et on fait préparer les relais. J'emploie les quelques heures qui me restent à visiter les environs : c'est toujours la forêt, pleine de grandeur. Partout on rencontre la trace de l'éléphant. Les indigènes qui m'accompagnent, me font comprendre qu'un gros animal se montre assez souvent dans cette contrée. A la façon dont-ils le décrivent, je crois reconnaître le rhinocéros. Le tigre royal est aussi très commun ; chaque jour on apprend de ses méfaits.

On nous parle beaucoup de la mission Delaporte ; elle traversa, dit-on, le Tenli-Sap, remonta le « Stung » à l'aide d'un bateau « à feu », et l'une des rivières de la forêt avec des pirogues. Elle disposait d'un grand nombre d'hommes qui transportaient les sculptures et les idoles jusqu'aux radeaux destinés à les recevoir, à l'aide de claies faites de bambous et de lianes, à travers lesquelles les indigènes passaient la tête. Pour me faire mieux comprendre, on me tresse une petite claie; ce moyen de transport est aussi simple qu'ingénieux.

Le sol que nous foulons est très riche en minerai de fer. Une résine abondante coule des arbres. Mais on ne fait ici que le commerce de l'ivoire et de certains parfums à l'usage des mandarins. Après une promenade, je rentre au campement, et, m'étant assuré que tout est prêt pour le départ, je vais me reposer.

QUATRIÈME PARTIE

RETOUR DE PRÉACAN A SAÏGON

CHAPITRE I

DE PRÉACAN A STUNG

Départ. — Les éléphants. — Les pigeons voyageurs. — Un accident.

Ce matin, 10 novembre, à sept heures, nous quittons Préacan pour revenir à Stung. Le soleil est ardent. La pluie, tombée pendant la nuit, a détrempé le sol; la marche est très-pénible. A six heures du soir seulement nous atteignons le premier « sala ». Je voudrais voyager la nuit pour éviter la grande chaleur; mais les annamites redoutent la rencontre du tigre et de l'éléphant sauvage. Je ne partage pas leur crainte, car le bruit que fait le convoi suffirait pour chasser tous les éléphants et tous les tigres de la création. Je ne dois cependant pas négliger l'avis de gens plus expérimentés. Nous couchons ici.

Le lendemain nous nous levons frais et dispos, et je ne regrette pas trop d'avoir écouté mes hommes. Comme la veille, nous partons de bonne heure. Le voyage est un peu monotone. Vers huit heures, un bruit étrange, semblable à celui d'une charge de cavalerie, se fait entendre à notre gauche. Les conducteurs se mettent à crier : « Dameraye! Dameraye! », c'est ainsi qu'ils appellent l'éléphant. Ils restent cependant calmes, et nos buffles continuent à avancer paisiblement. Bientôt sept éléphants de grande taille se montrent à nous et s'arrêtent à cent cinquante mètres, la trompe levée. Ils paraissent nous observer, puis reprennent leur marche, suivis d'un autre petit éléphant, tout noir, que je n'avais pas encore remarqué. Nous les entendons, pendant un grand quart d'heure, courir à travers la forêt, brisant les branches sur leur passage. J'ai eu peur un moment, je l'avoue, quand toutes ces trompes se sont dressées vers nous et que ces gros pachydermes semblaient vouloir nous charger. Je demande à To et Ta si, la nuit, une pareille rencontre est plus dangereuse. « Non, me répond-il, mais nous beau-« coup fatigués. » Ils ont simplement abusé de ma crédulité, et, quand je m'informe si l'éléphant est ordinairement méchant et se promène la nuit, les gredins se mettent à rire et me disent : « Lui beaucoup méchant « quand il y a con-cop (tigre) et quand on veut tirer sur « lui pour prendre ivoire ; sans çà, lui beaucoup bon et « dort la nuit ». Les conducteurs indigènes confirment ce renseignement.

Nous sommes encore sous l'impression de cette rencontre, lorsqu'un gros nuage noir, qui passe avec une rapidité vertigineuse au-dessus de nous, cache subitement le soleil. Le ciel est d'ailleurs parfaitement pur et il n'y a pas la moindre brise. Tout à coup, le nuage s'abat, et l'on entend un épouvantable vacarme ; puis, il s'élève de nouveau et disparait bientôt. Ce sont des milliers de pigeons, qui voyagent en masse à des époques fixes. Les indigènes les attendent auprès de leurs rizières, munis de gongs et de tamtams pour les épouvanter. S'ils ne prenaient cette précaution, tout serait dévoré. Quelques-uns de ces oiseaux voyageurs ont été assommés à coups de bambous. Ils sont plus petits que les pigeons d'Europe ; la couleur de leur plumage varie entre le vert le plus tendre et le vert le plus foncé. C'est en cela seulement qu'ils ressemblent aux pigeons de Poulo Condor, véritables oiseaux de proie, et du reste beaucoup plus gros.

Le « sala » que nous atteignons à sept heures du soir est envahi par les fourmis rouges. Il nous est impossible de nous y installer. Le feu seul aurait raison de ces insectes. Le temps est si beau et l'air si doux que nous repartons à dix heures. La route est meilleure ; les ornières, moins nombreuses. Les annamites dorment tranquillement dans leur char. Pendant la nuit, les conducteurs poussent de temps en temps de petits cris, imités des oiseaux, pour indiquer où l'on est, pour dire s'ils rencontrent des obstacles, s'ils ont besoin de secours. L'aurore me trouve encore éveillé. Le fleuve déroule devant nous ses gracieux contours, et j'aperçois, devant la ville endormie, notre jolie jonque, légèrement balancée par le courant.

Le vieux mandarin, si bien disposé à notre égard, n'est plus ici. Nous trouvons son successeur qui n'est pas moins aimable et qui nous a préparé d'abondantes provisions. Nous nous occupons activement de terminer les préparatifs du départ. Mon soldat, qui se baigne en ce moment, se sent tout à coup indisposé; il appelle à l'aide. Le courant l'entraîne, bien qu'il sache nager. Je vais à son secours ; mais, au moment où je me jette à l'eau, Ta, qui était occupé à attacher des rames au-dessus du « rouffle », passe d'un bond prodigieux par-dessus ma tête, et plonge. Quelques secondes après, l'annamite porte sur son dos le soldat évanoui. Une bonne gorgée de talia ranime le noyé qui ne se plaint que d'un violent mal de tête. Ta rachète par ce sauvetage toutes ses fautes passées.

CHAPITRE II

DE STUNG A LAMARE

Nous nous égarons dans la forêt. — Deux rencontres. — La jonque du mandarin. — Voyage aux flambeaux. — L'Oudon retrouvé.

A dix heures du matin, nous levons l'ancre, la jonque s'éloigne du rivage, et bientôt, poussée par [illegible]ant et les rames, elle file comme une hirondelle. N[illegible]teignons rapidement la masse d'eau qui descend vers le Tenli-sap et couvre encore un vaste espace. La nuit vient nous y surprendre. Le ciel est aussi beau qu'hier. et nous avons un nombre suffisant de rameurs pour continuer notre course. Quitte à compromettre ma dignité de « louq-mi-top », je monte sur le « rouffle » pour ramer un peu, et aussi pour jouir du tableau pittoresque qui s'étend sous nos yeux.

Nous pensions arriver au Tonli-sap en suivant le fleuve jusqu'à son embouchure, mais le patron de la jonque préfère, pour abréger la route, s'engager dans la forêt

La forêt inondée.

inondée. Le souvenir de nos fatigues antérieures nous fait faire la grimace. Il est vrai que nous allons, cette fois, dans le sens du courant et que les arbres paraissent, en cet endroit, très espacés les uns des autres.

A huit heures du matin, nous reconnaissons à notre droite le Tenli-sap. La journée se passe bien. Un feuillage épais nous abrite, l'eau est profonde et le passage large. Vers le soir, le ciel se couvre, et l'obscurité devient tout à coup si grande que nous nous égarons. Il paraît que nous ne sommes pas les seuls à nous tourmenter dans ce noir labyrinthe, car des cris se font entendre en avant de notre embarcation. Les torches que nous allumons nous permettent de distinguer une légère pirogue montée par deux hommes nus, qui nous disent mourir de faim. Nous les réconfortons de notre mieux, leur donnons des torches et les envoyons en éclaireurs. Mais de nouveaux cris retentissent, et presque en même temps de vives lueurs éclairent la surface de l'eau et dessinent la silhouette des arbres. La petite pirogue prend aussitôt cette direction, et les deux hommes reviennent nous apprendre que le mandarin de Compong-Thôm, avec toute sa famille, s'est égaré comme nous et nous demande de le guider, dès que nous serons sûrs de la route. Sa jonque est un véritable palais ; les appartements sont richement ornés. On aperçoit, par une ouverture, une statue de Bouddha toute dorée. Le mandarin est accompagné de quatre femmes de cinq enfants et d'une douzaine de domestiques. Nous échangeons les politesses d'usage, et le haut personnage, qui avait été informé de notre présence dans le pays, se montre très gracieux et ajoute à nos provisions des confitures et de la pâtisserie.

Pendant ce temps, la petite embarcation est allée à la découverte, et revient cette fois après un plein succès. Nous la suivons donc, éclairés par une vingtaine de flambeaux, au bruits des pétards, des fusées et de deux petits canons de la jonque du mandarin. Je n'ai jamais rien vu d'aussi fantastique que cette marche de nuit, à travers la forêt, à la lueur de torches fumeuses. Plus d'un oiseau vient brûler ses ailes à la flamme et s'enfuit épouvanté ; des serpents, couchés sur les branches, tombent à l'eau ; çà et là des caïmans montrent leur tête hideuse.

A trois heures du matin, nous retrouvons le Tenli-Sap. De gros nuages s'amoncellent : un vent violent se lève, et le lac se change en une mer furieuse. Nous dansons une véritable sarabande. Après six heures de lutte, nous atteignons enfin un bras de l'Oudon. La pirogue nous a quittés au bord du Tenli-Sap ; mais le mandarin nous suit toujours. A midi, nous mouillons ensemble à Lamare.

CHAPITRE III

DE LAMARE A PHNOM-PENH

Le marché. — Le vieux mandarin de Stung. — Visite au temple de Compong-Shanam.

Lamare est une grande et populeuse cité qui s'élève sur les deux rives du bras oriental de l'Oudon. C'est jour de grand marché; tous les habitants des environs sont ici; il y a plus de six mille bateaux. Nous voyons même des jonques de guerre, armées de canons et assez vastes pour porter des centaines d'hommes. D'autres embarcations, qui appartiennent à de grands seigneurs, rivalisent de confortable et de luxe. Les indigènes échangent avec les Chinois de la soie, de l'ivoire, de la gomme-gutte, du fer, contre du thé, de la vaisselle, des étoffes, des meubles et quelquefois de l'argent. Il faut plusieurs mois aux Chinois pour se rendre ici; les Français, qui sont à quelques journées seulement, n'y viennent pas. Quels tristes négociants, quels pauvres colons nous sommes!

On étale les marchandises sur des radeaux, et les barques circulent autour. Nous reconnaissons la jonque du vieux mandarin de Stung. Dès que le brave homme nous aperçoit, il s'empresse de venir nous demander si nous avons été bien traités pendant la route. Il s'informe de notre santé; puis il nous parle du commerce et nous indique le prix de certaines denrées. Les Chinois font, parait-il, des bénéfices énormes. Pourquoi donc les Français ne leur feraient-ils pas concurrence? — Nous disons adieu au mandarin et repartons immédiatement pour Phnom-Penh.

Deux heures plus tard, nous sommes à la hauteur de Compong-Shanam, la ville flottante, et une heure après, à Compong-Louong. Cette dernière ville, avons-nous dit, possède une célèbre pagode, gardée par d'incorruptibles cerbères qui nous en ont refusé l'entrée. Comme nous tenons à comparer ce monument tout moderne aux ruines d'Angcor, nous faisons les démarches nécessaires pour y pénétrer. Le grand mandarin lui-même nous y accompagne. Je ne saurais dire si le Dieu qu'on adore ici est celui qu'on adorait à Angeor ; mais, en tous cas, les temples ne semblent pas faits pour le même culte. Celui-ci est une sorte de salon bien décoré, au fond duquel se dresse un autel surmonté d'un baldaquin tendu de soie et de festons d'or. Les murs sont couverts de peintures éclatantes, mais si peu orthodoxes que je ne sais comment les décrire. Un panneau, entres autres, représente la chasteté sous les traits d'une jeune reine, vêtue seulement d'une mitre qui rappelle, en petit, les tours des monuments Kmers. Autour de cette divinité, on a accumulé mille présents, hommages de pieux adorateurs qui entourent et contemplent la déesse.

Notre visite terminée, le mandarin, qui ne cesse de mâcher du bétel et de cracher rouge, nous reconduit jusqu'à la jonque. On n'est pas plus poli. Il faut reconnaitre, d'ailleurs, que tous les dignitaires avec qui nous avons eu des relations depuis notre départ de Phnom-Penh, qu'ils fussent Siamois ou Cambodgiens, civilisés ou sauvages, ont été pour nous pleins de courtoisie et de bienveillance.

Nous apercevons bientôt la grande pyramide de

Phnom-Penh, puis la ville et l'hôtel du protectorat où flotte le drapeau de la patrie. Nous allons donc enfin pouvoir manger un morceau de pain !

CHAPITRE IV

PASSAGE A PHNOM-PENH

Retour au protectorat. — Visite à Norodom Ier, roi du Cambodge.

Nous retrouvons à Phnom-Penh la bonne hospitalité de mon camarade Aymonier. M. Moura, qui nous fait l'honneur de venir nous serrer la main dès qu'il apprend notre arrivée, nous assure que l'on est inquiet sur notre sort à Saïgon, que le bruit de ma mort y court, et qu'il est question d'envoyer à notre recherche. Allons vite au télégraphe rassurer tout le monde.

Je montre à nos compatriotes, réunis au protectorat quelques-uns des moulages. La vue de ces étranges bas-reliefs les surprend beaucoup. M. Moura m'annonce que, si j'y consens, il va demander pour moi une nouvelle mission au gouverneur de la colonie. J'ai une telle soif de nouveauté, que, malgré les dangers, les fatigues et les privations, je ne m'oppose que faiblement à son projet. Mais occupons-nous maintenant des autres. Je fais avancer le patron de la jonque et tout son équipage. Le chef du protectorat leur adresse un petit discours bien senti sur l'intérêt qu'on a toujours à bien servir la France. Il leur donne leur salaire et fait à chacun d'eux un cadeau. Avant de s'éloigner, ces braves gens me remercient d'avoir fait leur éloge auprès du représentant. M. Moura a raison : c'est par des procédés de ce genre, et non avec la morgue de certains fonctionnaires, que nous arriverons à annexer sans violence le Cambodge.

C'est aujourd'hui, 17 novembre, que j'ai l'honneur d'être présenté par monsieur Moura à Norodon Ier, roi du Cambodge. Il nous reçoit d'une façon charmante et nous garde à dîner. C'est un homme de quarante ans ; il est petit, maigre et boiteux par suite d'une chute récente. Sous des dehors calmes, on devine l'observateur fin et rusé. Il ne parle pas le français ; mais il suffit d'examiner sa physionomie pour voir qu'il comprend un peu notre langue. Il est très poli avec les Européens ;

mais il tient beaucoup aux égards qui lui sont dus. Il a toujours à sa droite, lorsqu'il est assis ou couché, une urne en métal précieux, ornée de pierres fines, dans laquelle il crache son bétel. Un interprète reste près de lui, accroupi sur les talons. Le service est fait par des femmes qui ont les jambes et le torse nus. Elles circulent en rampant sur les coudes et sur les genoux, ce qui, d'ailleurs, manque absolument de grâce et d'élégance. Comme nous nous retirons, le roi me remet un sachet à parfums, fabriqué par ses femmes, et m'annonce qu'il me fait chevalier de son ordre.

Après un séjour de quarante-huit heures à Phnom-Penh, où la bonne cuisine de nos compatriotes nous a solidement réconfortés, nous nous embarquons pour Saïgon avec tout notre bagage, sur un des bateaux de la compagnie Larieux.

CHAPITRE V

RETOUR A SAIGON

Passage à Vinh Long. — Visite au gouverneur et au colonel. — Ta est ruiné.

En passant Vinh-Long, nous rencontrons sur l'embarcadère le père Le Mée, missionnaire apostolique, quelques officiers de notre arme et des soldats. Tous sont heureux de nous revoir et nous disent combien était vive leur inquiétude à notre sujet.

De retour à Saïgon, je me rends aussitôt chez le colonel qui me menace des arrêts..... parce que j'ai laissé pousser ma barbe ! Le gouverneur, chez qui nous allons ensuite, nous fait un tout autre accueil. Il nous remercie vivement du dévouement que nous avons montré et que nous promettons encore. Profitant de ses bonnes dispositions, je le prie d'accorder une gratification à chacun de mes hommes, ce qu'il fait immédiatement. Je vais sans délai me préparer à une nouvelle expédition, et cette fois avec des matériaux convenables, des provisions indispensables et des outils.

Hier, au soir, en rentrant à l'hôtel, j'ai rencontré Ta ; mais, au lieu du visage heureux qu'il avait dans l'après-midi, en sortant de la trésorerie, je lui ai trouvé l'air le plus piteux du monde. Avec les cent francs qu'il a touchés, il s'est acheté une magnifique ceinture rouge, puis il s'en est allé jouer au « bacoin » et a perdu le reste.

FIN

TABLE DES GRAVURES

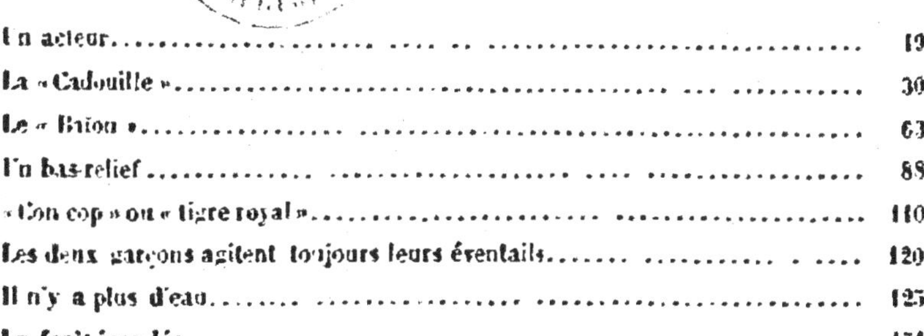

TABLE DES MATIÈRES

PREMIÈRE PARTIE

De Toulon à Vinh-Long

CHAPITRE PREMIER

CHAPITRE II

CHAPITRE III

CHAPITRE IV

DEUXIÈME PARTIE

De Vinh-Long à Angcor-Thôm

CHAPITRE PREMIER

CHAPITRE II

CHAPITRE III

CHAPITRE IV

CHAPITRE V

CHAPITRE VI

TROISIÈME PARTIE

Séjour aux ruines

CHAPITRE PREMIER

CHAPITRE II

CHAPITRE III

CHAPITRE IV

CHAPITRE V

CHAPITRE VI

CHAPITRE VII

CHAPITRE VIII

CHAPITRE IX

CHAPITRE X

CHAPITRE XI

CHAPITRE XII

CHAPITRE XIII

CHAPITRE XIV

QUATRIÈME PARTIE

Retour de Préacan à Saïgon

CHAPITRE PREMIER

CHAPITRE II

CHAPITRE III

CHAPITRE IV

CHAPITRE V

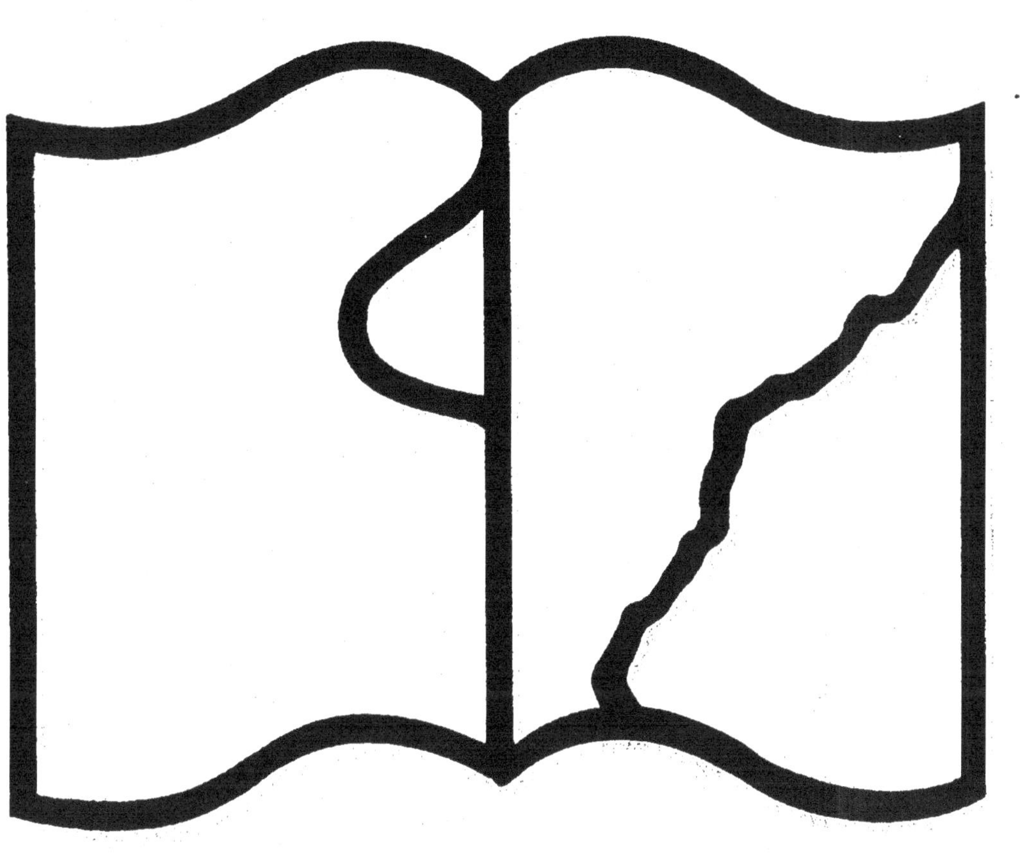

Texte détérioré — reliure défectueuse

NF Z 43-120-11

www.ingramcontent.com/pod-product-compliance
Ingram Content Group UK Ltd.
Pitfield, Milton Keynes, MK11 3LW, UK
UKHW020248250726
13967UKWH00004B/1570